Lebensraum Holz Seite 140

Auf lebenden und abgestorbenen Hölzern innerhalb und außerhalb des Waldes, ja selbst an verbautem Holz sind ganz besondere „Spezialisten" am Werk. Diese können Parasiten wie der Schwefel-Porling oder Folgezersetzer wie der gefährliche Gift-Häubling sein.

Lebensraum Feuchtgebiete Seite 158

In Feuchtgebieten, Mooren und an Gewässerrändern wachsen angepasste Pilzarten. Die meisten sind durch Entwässerungen und Stickstoffeinträge stark bedroht, zum Beispiel der Moor-Röhrling und der Erlen-Grübling.

Hans E. Laux

Kosmos Pilzführer für unterwegs

KOSMOS

Was ist ein Pilz?

Da dem Pilz das Blattgrün fehlt, mit dessen Hilfe sich unsere Pflanzen ernähren, kann er die Stoffe, die er zum Leben und Wachstum braucht, nur in „fertiger" Form aufnehmen. Er entzieht sie dem Substrat, auf dem er lebt (organische Abfälle, Laub- und Nadelstreu, totes oder lebendes Holz) mithilfe eines fädigen Geflechts, dem so genannten Myzel. Was man gemeinhin als „Pilz" bezeichnet, ist nur der meist kurzlebige Fruchtkörper. Er erzeugt die Verbreitungsorgane, die Sporen.

Im Lauf der Entwicklung haben Pilze drei verschiedene Techniken des Nahrungserwerbs entwickelt:

1. **Partnerschaft mit Bäumen (Mykorrhizapilze):** Bei dieser Lebensweise versorgt der Pilz den Baum mit Wasser und Mineralstoffen und bezieht als Gegenleistung Kohlenhydrate und andere lebensnotwendige Substanzen, die er nicht selbst herstellen kann. Manche dieser Mykorrhizapilze kommen nur unter einer bestimmten Baumart vor, andere dagegen gehen mit mehreren Baumarten Partnerschaften ein.

2. **Abfallverwertung (Moderpilze):** Diese Pilze leben als Folgezersetzer von der Verwertung pflanzlicher Abfälle wie Laub- und Nadelstreu oder vermoderndem Holz. Das Myzel entzieht diesen Materialien Restnährstoffe und trägt so zu deren Abbau bei.

3. **Parasitismus:** Pilze, die in andere Organismen (Wirte) eindringen, entziehen die benötigten Stoffe dem lebenden Wirt. Sie leben auf Kosten anderer und können erheblichen Schaden anrichten.

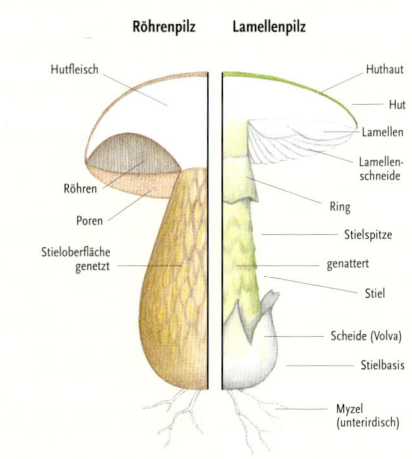

Inhalt

Mit dem Pilzführer unterwegs 6

In Laub- und Mischwald 8

Im Nadelwald 80

Auf Wiesen und in Gärten 118

Am Holz 140

In Feuchtgebieten 158

Service 168

Register 169

Erklärung der Symbole 174

Mit dem Pilzführer unterwegs

Sehr viele Pilze können an ganz verschiedenen Stellen im, aber auch außerhalb des Waldes vorkommen, zum Beispiel auf Wiesen und grasigen Plätzen, an Wegrändern und auf Feldern. Oft werden Sie Pilze auch in Parkanlagen, auf Friedhöfen, Gartenplätzen und selbst im Zierrasen antreffen können – ein weites, schier unerschöpfliches Feld für den Pilzsammler.

Viele Pilze findet man nur in ganz bestimmten Waldtypen. So werden Sie einen Gold-Röhrling oder Edel-Reizker vergeblich im Laubwald suchen, einen Birkenpilz, Pfeffer-Milchling oder Morchel-Becherling nicht im Nadelwald antreffen. Einige Pilze wachsen gar nicht im Wald, sondern auf Wiesen und Weiden, in Parkanlagen oder Gärten, wie der Nelken-Schwindling oder der Große Scheidling. Der Stadt-Egerling kann sogar in der Stadt durch Teer und Asphalt brechen. Und dann gibt es da noch die Spezialisten, die an ganz bestimmte Baumarten oder Biotope gebunden sind: Birken-Porlinge wachsen nur auf Birken, Erlen-Grüblinge nur im Feuchtgebiet unter Erlen und Schmarotzer-Röhrlinge nur parasitisch auf Hartbovisten.

Die Einteilung nach Lebensräumen
Wir wollen es dem angehenden Pilzsammler leichter machen und haben die Pilze in diesem Buch nach ihrem Vorkommen eingeteilt. Bei manchen Arten war dies allerdings schwierig, da sie verschiedene Lebensräume besiedeln können. Hier haben wir uns dann für die Unterbringung in dem Lebensraum entschieden, in dem der Pilz am häufigsten zu finden ist. Der Schopf-Tintling zum Beispiel, ein echter „Allerweltspilz", ist im Lebensraum „Wiesen und Gärten" aufgeführt, denn hier kommt er vergleichsweise häufig vor. Sie können ihn allerdings auch im Laubwald finden.
Wundern Sie sich auch nicht, wenn ein Holzbewohner wie das Rauchblättrige Schwefelköpfchen im Lebensraum „Nadelwald" und nicht im Lebensraum „Holz" aufgeführt wird. Denn in der Natur findet man diesen Pilz oft im Nadelwald, ohne

zunächst das im Boden liegende Holz zu erkennen.
Eine große Rolle für das Vorkommen eines Pilzes spielt die Bodenbeschaffenheit. Möglichkeiten zur Messung des pH-Wertes hat der Pilzsammler auf seinem Spaziergang meist nicht. Aber es gibt einige Pflanzen, die nur auf ganz bestimmten Böden wachsen. Heidelbeeren und Torfmoose zeigen beispielsweise sauren Boden an, der ideale Standort für den Fichten-Reizker. Im „sauren" Nadelwald, wo der Rote Fingerhut wächst, da sind auch Kuhmaul, Steinpilz und Trompeten-Pfifferling nicht weit. Auf kalkreichen Böden, die eine sehr artenreiche Flora haben, findet man oft verschiedene Orchideen-Arten, Seidelbast und Waldmeister. Hier leben Satans-Pilz und Herbst-Trompete.

Zu den Beschreibungen der einzelnen Arten
Wir haben die Beschreibung des Pilzes unterteilt in:
Merkmale Hier finden Sie die wichtigsten Bestimmungsmerkmale, anhand derer Sie den gefundenen Pilz erkennen können. Wie groß ist der Hut und welche Farbe hat er? Wie sehen Lamellen, Röhren und Poren aus? Wie lang ist der Stiel? Trägt er einen Ring? Steckt er in einer Knolle? Gibt es noch andere typische Erkennungsmerkmale?
Vorkommen Unter dieser Rubrik ist angegeben, zu welcher Jahreszeit mit dem Pilz zu rechnen ist. Die Erscheinungszeit kann allerdings nach Höhenlage und Witterung von den gemachten Angaben etwas abweichen. Hier finden Sie auch Angaben wie Bodenbeschaffenheit, ob der Pilz einzeln oder gesellig vorkommt und ob er noch andere Lebensräume besiedelt.

Wissenswertes Für den Sammler ist von großer Wichtigkeit: Ist der Pilz essbar oder nicht? Worauf muss ich bei der Zubereitung achten? Welche Besonderheit zeichnet den Pilz aus?
Der Tipp für unterwegs Hier erfährt der Pilzsammler kurz und prägnant, worauf er beim Suchen und Sammeln achten muss. Gibt es einen giftigen Doppelgänger? Wie kann er unterschieden werden?

Und jetzt nichts wie hinein in feste Stiefel und passende Kleidung und mit Körbchen und Messer hinaus in die Natur. Doch halt - einen Rat möchte ich Ihnen noch auf den Weg geben: Sammeln Sie immer nur Pilze, die Sie ganz sicher kennen. Lassen Sie nicht sicher bestimmte Arten von einem Fachmann überprüfen. Möge das Buch viele Neugierige auf den Weg zum Pilzkenner führen.

Baumpilze sind meist ungenießbar, erfreuen aber das Auge, wie dieser leuchtende Schwefelporling.

In Laub- und Laubmischwald

Wenn die Knospen an den Bäumen aufbrechen und das Buschwindröschen zu blühen beginnt, sind hier bereits die ersten Schätze zu finden: Speisemorcheln. Bis zum Spätherbst bietet dieser Standort einige der besten Speisepilze wie Parasol, Frauen-Täubling und Herbst-Trompete.

In Laub- und Laubmischwald

Rotfuß-Röhrling
Xerocomellus chrysenteron

Tipp für unterwegs

Da der giftige Schönfuß-Röhrling an denselben Stellen vorkommt, sollten Sie sich dessen Merkmale gut einprägen: Sein Hut ist größer, der Stiel genetzt.

Merkmale Der Rotfuß-Röhrling ist einer der kleinsten Röhrlinge. Der grau- bis mittelbraune Hut ist 3–8 cm breit, jung halbkugelig, später polsterförmig abgeflacht und oft felderig aufgerissen. Der zylindrische Stiel ist 3–10 cm lang und auf gelblichem Grund rötlich punktiert bis gestreift. Die Röhren sind hellgelb, alt olivgrün. Das gelbliche Fleisch verfärbt sich auf Druck leicht blau.
Vorkommen Der sehr häufige Rotfuß-Röhrling kommt von Juni bis November in Laub- und Nadelwäldern vor.
Wissenswertes Der Rotfuß-Röhrling ist ein besonders empfindlicher Pilz. Sein anfänglich festes Fleisch wird sehr schnell weich und matschig. Bei feuchter Witterung wird er oft von Goldschimmel befallen. Sammeln Sie daher nur junge Pilze, transportieren Sie sie vorsichtig (nicht übereinander liegend) und verzehren Sie sie sofort.

Das rötliche Stielfleisch ist typisch für den Rotfuß-Röhrling.

Schönfuß-Röhrling
Boletus calopus

Tipp für unterwegs

Sie finden den Schönfuß-Röhrling besonders häufig auf nährstoffarmen Böden der Mittelgebirge und Alpen.

Merkmale Der Schönfuß-Röhrling hat einen blassgrauen bis graubraunen, 10–20 cm breiten Hut, der anfangs halbkugelig, später polsterförmig ist. Der zylindrische bis bauchige Stiel ist 6–15 cm lang. Er ist oben gelb, im unteren Teil rot gefärbt und trägt eine Netzzeichnung. Die gelben Poren verfärben sich auf Druck ebenso blaugrün wie das gelbliche, bittere Fleisch.
Vorkommen Er erscheint von Juni bis Oktober vor allem im sauren Nadelwald in Berglagen, aber auch in Laubwäldern.
Wissenswertes Der Pilz ist aufgrund seiner Bitterkeit ungenießbar. Vermutlich verursacht er zudem Magen-Darm-Störungen. Er kann von oben gesehen mit dem ebenfalls giftigen Satans-Röhrling (→ S. 16) verwechselt werden. Da beide Arten nicht essbar sind, spielt die Verwechslungsmöglichkeit für den Pilzsammler jedoch keine Rolle.

In Laub- und Laubmischwald

Birkenpilz
Leccinum scabrum

Tipp für unterwegs

Birkenpilze wachsen in feuchten, moosigen Birkenwäldchen. Verwenden Sie nur junge Hüte, der Stiel ist oft faserig und zäh.

Merkmale Der Birkenpilz hat einen 5–15 cm breiten, gelb- bis graubraunen, polsterförmigen Hut. Der relativ schlanke Stiel ist 10–20 cm hoch und verjüngt sich nach oben. Er ist weißlich und mit grauen oder schwärzlichen Schüppchen bedeckt. Die Röhren sind bei jungen Pilzen weißlich, später ockergrau. Das Fleisch ist weiß und unveränderlich oder schwach rötend.

Vorkommen Der Birkenpilz ist weit verbreitet und wächst von Juni bis Oktober unter Birken in Parks, Gärten und Laubmischwäldern.

Wissenswertes Der Pilz ist in der Färbung sehr veränderlich: Der Hut kann hellbraun, aber auch dunkelbraun sein. Typisch ist jedoch der mit schwärzlichen Schüppchen bedeckte Stiel. Der Birkenpilz hat ein helles Fleisch, das sich beim Kochen im Gegensatz zum Hainbuchen-Röhrling nicht schwarz verfärbt. Da die Pilze schnell weich werden, muss man sie möglichst bald zubereiten.

Heide-Rotkappe, Birken-Rotkappe
Leccinum versipelle

Tipp für unterwegs

Die Heide-Rotkappe ist an Birken gebunden, so dass Sie zuerst nach dem Baum und dann nach dem Pilz schauen müssen.

Merkmale Der 5–30 cm große, orange- bis ockergelbe Hut der Heide-Rotkappe ist zuerst halbkugelig, dann polsterförmig. Er sitzt auf einem kräftigen, 8–15 cm langen Stiel, der bauchig bis zylindrisch und mit schwärzlichen Schuppen bedeckt ist. Die schmutzig weiße Röhrenschicht färbt sich mit zunehmendem Alter cremegrau. Das weiße Fleisch verfärbt im Schnitt langsam zu schwarzviolett.

Vorkommen Heide-Rotkappen erscheinen von Juni bis November und wachsen vereinzelt oder gesellig unter Birken.

Wissenswertes Nicht erschrecken: Bei allen Rotkappen färbt sich das Fleisch beim Kochen und beim Trocknen schwarz. Das kann vermieden werden, wenn die Pilzstücke kurz in mit Essig versetztem Wasser blanchiert werden. Sie sind roh gegessen stark giftig! In Deutschland ist die Art seltener geworden, während sie in Ost- und Nordeuropa noch häufig vorkommt.

Rotkappen verfärben sich im Anschnitt grau-violett.

In Laub- und Laubmischwald

Tipp für unterwegs

Den Netzstieligen Hexen-Röhrling kann man auch an der roten Linie zwischen Hutfleisch und Röhrenschicht erkennen.

Die purpurrote Stielbasis kennzeichnet die Art gut.

Netzstieliger Hexen-Röhrling
Boletus luridus

Merkmale Auffälligstes Merkmal des Netzstieligen Hexen-Röhrlings sind die roten Poren und das Stielnetz. Der 5–20 cm breite Hut ist olivgelblich bis orangebraun und polsterförmig. Der Stiel ist 5–15 cm lang. Er ist oben gelblich, nach unten orangerot bis purpurn und mit einem roten Netz bedeckt. Poren und Fleisch verfärben sich bei Druck oder im Anschnitt dunkelblau.
Vorkommen Dieser Hexen-Röhrling erscheint von Mai bis Oktober in Laubwäldern, Parks und Gärten auf Kalkboden.
Wissenswertes Wie viele Röhrlingsarten mit roten Poren ist der Pilz im rohen Zustand giftig. Der wohlschmeckende Pilz soll angeblich in Verbindung mit Alkohol – selbst zwei Tage vor oder nach der Pilzmahlzeit genossen – bei manchen Personen Vergiftungserscheinungen hervorgerufen haben. Gesicherte Fälle für diese Wechselwirkung gibt es aber nicht. Wer ihn verzehren möchte, sollte den Pilz vorher gründlich erhitzen.

Tipp für unterwegs

Verzichten Sie – wenn Sie sich nicht sicher sind – auf den Verzehr von Röhrlingen mit roten Poren, da es in dieser Gruppe auch einige Giftpilze gibt.

Flockenstieliger Hexen-Röhrling
Boletus erythropus

Merkmale Der Flockenstielige Hexen-Röhrling trägt einen 5–20 cm großen, dunkelbraunen Hut. Der Stiel ist 4–15 cm lang, anfangs bauchig, später zylindrisch gestreckt. Er ist auf gelblichem Grund dicht mit karminroten Schüppchen bedeckt. Die Poren sind orange bis dunkelrot. Das feste, gelbe Fleisch verfärbt sich im Schnitt wie alle anderen Teile des Pilzes auch sofort dunkelblau.
Vorkommen Der Pilz erscheint von Mai bis Oktober auf sauren Böden hauptsächlich unter Buchen und Eichen, aber auch im Nadelwald.
Wissenswertes Der Flockenstielige Hexen-Röhrling kann aufgrund seiner dunkelbraunen Hutfarbe, des flockigen Stieles und des bis zur Stielbasis gelben Fleisches kaum mit anderen Hexenröhrlingen oder gar dem Satans-Röhrling (→ S. 16) verwechselt werden. Vermutlich wirkt sein buntes Farbspiel trotzdem abschreckend, denn er wird nur von wenigen Pilzsammlern beachtet.

In Laub- und Laubmischwald

Tipp für unterwegs

So groß und auffällig wie der Pilz ist, so selten ist er auch. Funde dieser Art gehören daher zu den besonderen Erlebnissen eines Pilzfreundes.

Satans-Röhrling
Boletus satanas

Merkmale Der Satans-Röhrling gehört zu den größten Röhrlingen. Der dickfleischige Hut wird 15–30 cm breit und ist weiß-grau gefärbt. Er sitzt auf einem kurzen (8–15 cm lang), dickbauchigen Stiel, der unter dem Hut gelblich, zur Basis hin rötlich und über die ganze Länge auffällig karminrot genetzt ist. Die Poren sind orange bis lebhaft rot. Das Fleisch bläut im Schnitt etwas.

Vorkommen Die Art erscheint von Juli bis Oktober in Laubwäldern, auf kalkhaltigen Böden unter Buchen oder Eichen.

Wissenswertes Der Pilz sieht nicht nur einem Totenkopf ähnlich, sondern verströmt mit zunehmendem Alter auch noch einen widerlichen Aasgeruch aus – was sicherlich niemanden zum Sammeln veranlassen wird. Dennoch vergiften sich jedes Jahr unachtsame Personen mit diesem Pilz, was oft tagelang anhaltende Brechdurchfälle zur Folge haben kann.

Tipp für unterwegs

Der Kahle Krempling bevorzugt nicht zu kalkhaltige Böden, und Sie können ihn unter allen Baumarten finden.

Kahler Krempling
Paxillus involutus

Merkmale Der Kahle Krempling ist ein sehr häufig vorkommender Pilz. Sein gelb-, oliv- oder rotbrauner Hut ist 5–15 cm breit und in der Mitte meist eingesenkt. Typisch ist der eingerollte Hutrand. Der 5–8 cm lange Stiel ist etwas heller als der Hut. Hut, Stiel und Lamellen verfärben sich bereits auf leichten Druck hin dunkel braunrot, ebenso das cremegelbe Fleisch.

Vorkommen Der Pilz erscheint von Juni bis November meist gruppenweise in Laub- und Nadelwäldern.

Wissenswertes Der Kahle Krempling war früher – gut gekocht – als Speisepilz sehr beliebt. Heute wird er bei uns als giftig eingestuft, da es bei wiederholtem Genuss in seltenen Fällen zu tödlich verlaufenen Reaktionen gekommen ist. In Osteuropa gilt er dennoch nach wie vor als guter Speisepilz und wird dort gebietsweise sogar auf den Märkten angeboten.

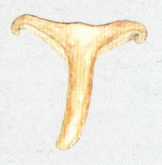

Der eingerollte Hutrand gibt dem Krempling seinen Namen.

In Laub- und Laubmischwald

Tipp für unterwegs

Wer Pfifferlinge finden will, braucht ein gutes Pilzauge. Denn v. a. junge Pfifferlinge sind oftmals gut unter Blättern und im Moos versteckt.

Echter Pfifferling, Eierschwamm
Cantharellus cibarius

Merkmale Dieser hell- bis goldgelbe Pilz ist bei Pilzsammlern sehr beliebt und meist wohlbekannt. Sein 3–8, selten auch bis 15 cm breiter Hut ist anfangs gewölbt, später ausgebreitet und oft etwas trichterförmig vertieft. Der hutfarbene Stiel ist 3–6 cm lang, zylindrisch geformt oder nach unten hin etwas verjüngt. Der Pilz hat keine Lamellen, sondern zum Stiel herablaufende, gegabelte Leisten.
Vorkommen Der vielerorts selten gewordene Pilz kommt von Juni bis November meist gesellig in Laub- und Nadelwäldern vor.
Wissenswertes Der Echte Pfifferling ist aufgrund seiner Haltbarkeit als Marktpilz sehr geschätzt. Sein hoher Bekanntheitsgrad hat möglicherweise zu seinem Rückgang beigetragen, doch sind die meisten Standortverluste eher auf die verschlechterten Umweltbedingungen durch Stickstoffemissionen und Schwefelverbindungen zurückzuführen.

Tipp für unterwegs

Sie finden den Falschen Pfifferling oft an morschen, vermodernden Baumstümpfen. Der Echte Pfifferling wächst dort nie!

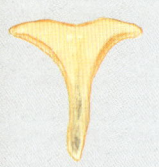

Das gelbe Fleisch unterscheidet den Falschen vom Echten Pfifferling.

Falscher Pfifferling
Hygrophoropsis aurantiaca

Merkmale Auch der Falsche Pfifferling trägt einen 3–10 cm großen, orangegelben Hut, auf dessen Unterseite jedoch leuchtend orange gefärbte, dicht stehende, gegabelte Lamellen sitzen. Der 2–6 cm lange, dünne Stiel ist zäh. Das Fleisch ist im Vergleich zum Echten Pfifferling weich und biegsam bis zäh. Außerdem ist es orangegelb, dagegen weißlich beim Echten Pfifferling.
Vorkommen Der Falsche Pfifferling ist von Juli bis November in Laub-, häufiger jedoch in Nadelwäldern verbreitet.
Wissenswertes Eine Verwechslung mit dem Echten Pfifferling wäre nicht tragisch. Der Falsche Pfifferling wird bisweilen auch als essbar bezeichnet, kann jedoch Verdauungsstörungen verursachen, insbesondere wenn er in größeren Mengen gegessen wird. Machen Sie die „Bruchprobe": Der Echte Pfifferling bricht leicht, der Falsche nicht.

In Laub- und Laubmischwald

Samtiger Pfifferling
Cantharellus friesii

Merkmale Der Hut des Samtigen Pfifferlings ist orangerötlich gefärbt und schimmert leicht rosa bis aprikosenfarben. Er ist unregelmäßig geformt und in der Mitte niedergedrückt. Der Stiel ist 3–4 cm lang und fest. Die hellen Leisten sind dick, teilweise gegabelt und queradrig verbunden. Sie sind jung gelblich bis orangerosa, verblassen jedoch mit zunehmendem Alter.
Vorkommen Diese Art kommt von Juli bis Oktober in Laubwäldern der mittleren Berglagen vor, besonders an Böschungen.
Wissenswertes Der Samtige Pfifferling gehört mittlerweile zu den selteneren Pfifferlings-Arten. Sein Rückgang liegt möglicherweise in der Veränderung seines natürlichen Lebensraumes begründet. Sie sollten ihn daher lieber stehen lassen und auf den Echten Pfifferling zurückgreifen, selbst gesammelt oder gekauft.

Tipp für unterwegs
Sie können den Samtigen Pfifferling von oben leicht mit dem Echten Pfifferling (→ S. 18) verwechseln. Dieser ist jedoch größer und fleischiger.

Starkriechender Pfifferling
Cantharellus aurora (C. lutescens)

Merkmale Der Starkriechende Pfifferling hat einen 2–6 cm breiten, gelb- bis orangebraunen, dünnfleischigen Hut, der ausgebreitet tief trichterförmig ist. Die Hutunterseite ist aderig-runzelig, faltig und orangegelb bis dunkel orange rosa gefärbt, Leisten sind nicht zu erkennen. Der 2–7 cm lange, hohle Stiel ist orangegelb und oft längsfurchig und zusammengedrückt.
Vorkommen Er kommt von August bis November gesellig bis rasig in Laub- und Nadelwäldern vor.
Wissenswertes Wegen des orangegelben Stiels wird dieser Pilz auch Goldstieliger Pfifferling genannt. Sein ausgeprägter Geruch nach Mirabellen entwickelt sich erst, wenn der Pilz eine Zeit lang in einer geschlossenen Dose aufbewahrt wurde. Da er sich gut trocknen lässt, sollten Sie sein Massenauftreten in manchen Jahren nutzen.

Tipp für unterwegs
Dieser wohlschmeckende Pfifferling wächst bevorzugt auf mineralreichen Böden im Unterholz von Laub- und Nadelwäldern!

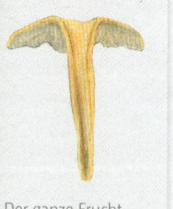

Der ganze Fruchtkörper ist hohl.

In Laub- und Laubmischwald

Tipp für unterwegs

Sie finden die Herbst-Trompete unter Rotbuchen und Eichen. Eine gute Fundstelle sollten Sie sich merken – die Pilze sind standorttreu.

Herbst-Trompete, Toten-Trompete
Craterellus cornucopioides

Merkmale Die Herbst-Trompete ist nicht in Hut und Stiel gegliedert. Der trompetenförmige, hohle Fruchtkörper ist 5–12 cm hoch und 2–5 cm breit. Die Innenseite ist rußig grau bis fast schwarz gefärbt, die Außenseite aschgrau und mit zunehmendem Alter vom Sporenpulver weißlich bestäubt. Das Fleisch ist graubräunlich und zäh-elastisch. Der Pilz verströmt ein würziges Aroma.
Vorkommen Herbst-Trompeten erscheinen von August bis November meist gesellig in Laub- und Laubmischwäldern.
Wissenswertes Trotz ihres düsteren Aussehens ist die Herbst-Trompete ein guter Speisepilz und wird bisweilen als Ersatz für Morcheln und Trüffeln verwendet. Der Pilz wird daher auch als „Trüffel des kleinen Mannes" bezeichnet. Der Pilz kann getrocknet sehr lange aufbewahrt werden, ohne seinen Geschmack zu verlieren.

Tipp für unterwegs

Da junge Semmel-Stoppelpilze am schmackhaftesten sind, gilt für den Sammler: Je kürzer die Stacheln, desto besser ist das Fleisch.

Semmel-Stoppelpilz
Hydnum repandum

Merkmale Der Semmel-Stoppelpilz hat einen dicken, unregelmäßig gebuckelten, 4–10 cm breiten, cremefarbenen bis semmelgelben Hut, der auf der Unterseite mit cremefarbenen Stacheln (Stoppeln) besetzt ist. Diese sind je nach Alter 2–6 mm lang, gelbweiß bis cremefarben und vom Hut ablösbar. Das Fleisch ist cremefarben und läuft im Schnitt langsam blass gelbrosa an.
Vorkommen Der Pilz erscheint von Juli bis November, meist in Gruppen, oft büschelig verwachsen, in Laub- und Nadelwäldern.
Wissenswertes Aufgrund der Färbung und den Stoppeln auf der Hutunterseite ist der Semmel-Stoppelpilz ein unverwechselbarer Speisepilz. Er wird bisweilen auch auf Wochenmärkten angeboten, insbesondere in Frankreich. Allerdings kann das Fleisch mit zunehmendem Alter etwas bitter werden. Zum Einfrieren eignet er sich deshalb nicht.

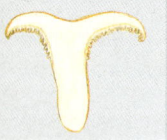

Das blassgelbe Fleisch verfärbt mit der Zeit rostgelb.

In Laub- und Laubmischwald

Tipp für unterwegs

Violette Lacktrichterlinge können mit Rettich-Helmlingen verwechselt werden. Eine Riechprobe schafft aber schnell Klarheit.

Trotz der violetten Farbe ist er essbar.

Violetter Lacktrichterling, Lackbläuling
Laccaria amethystina

Merkmale Der Violette Lacktrichterling ist ein kleiner Pilz, der vor allem aufgrund seiner lebhaft violetten Färbung gut kenntlich ist. Im Alter und bei Trockenheit verblasst die Färbung. Der 2–5 cm breite Hut ist anfangs gewölbt, später ausgebreitet und meist etwas vertieft. Der Stiel ist 4–10 cm lang. Die Lamellen sind tief violett, ziemlich dick und stehen relativ weit auseinander.
Vorkommen Violette Lacktrichterlinge erscheinen von Juni bis November meist gesellig in Laub- und Nadelwäldern.
Wissenswertes Zum Garnieren ist der Violette Lacktrichterling in Salaten oder Sülzen hervorragend geeignet. Sammeln Sie nur junge und ganz frische Pilze. Sie werden zum sofortigen Gebrauch blanchiert, zum späteren Verwenden in Essig eingelegt. Sein Eigengeschmack ist allerdings nicht sehr stark ausgebildet, so dass man ihn am besten als Mischpilz verwendet.

Tipp für unterwegs

Die Art variiert in der Hutfarbe stark und kann leicht mit anderen Helmlings-Arten verwechselt werden. Ihr Geruch ist aber kennzeichnend.

Gemeiner Rettich-Helmling
Mycena pura

Merkmale Der kleine bis mittelgroße Pilz ist blasslila bis violett gefärbt, selten graublau oder weiß. Der 2–5 cm breite Hut ist anfangs glockig, später flach mit kleinem Buckel. Die Lamellen sind blass und stehen weit auseinander. Auffallend sind bei feuchter Witterung die helle Trockenzone in der Hutmitte und der dunklere, durchwässerte Rand. Der Stiel ist 4–7 cm lang und dünn.
Vorkommen Der Rettich-Helmling kommt häufig vor und erscheint von Mai bis November einzeln bis gesellig in Laub- und Nadelwäldern.
Wissenswertes In alten Pilzbüchern wird der Rettich-Helmling oft noch als essbar bezeichnet. Er ist aber zumindest in größeren Mengen genossen magen-darm-giftig. Der sehr ähnliche Rosa Rettich-Helmling enthält sogar das Nervengift Muscarin und muss daher als giftig eingestuft werden. Sein Genuss verursacht unter anderem Sehstörungen und Schweißausbrüche.

In Laub- und Laubmischwald

Tipp für unterwegs

Unerfahrene Pilzsammler könnten junge Mönchsköpfe mit giftigen Trichterlingen verwechseln. Sie sollten daher auf das Sammeln von hellhütigen Trichterlingen verzichten.

herablaufende Lamellen und kleiner Hutbuckel

Mönchskopf
Clitocybe geotropa

Merkmale Der Mönchskopf ist ein großer Pilz mit trichterförmigem, 8–20 cm breitem, selten noch größerem Hut, der einen kleinen Buckel in der Mitte hat und dessen Rand lange eingerollt bleibt. Hut und Stiel sind weißlich bis cremebeige gefärbt. Der Stiel ist 8–15 cm lang, voll und kräftig. Jung ist der Hut im Vergleich zum Stiel sehr klein (→ Bild). Die hellen Lamellen laufen am Stiel herab.
Vorkommen Als typischer Herbstpilz von September bis November erscheinend, in Laubwäldern, an Waldrändern und auf Waldwiesen.
Wissenswertes Von anderen hellhütigen Trichterlingen unterscheiden sich ausgewachsene Mönchsköpfe durch den gebuckelten Hut und durch ihre Größe. Typisch ist auch ein schwach süßlicher, bittermandelartiger Geruch. Ähnlich wie der Riesenschirmling bevorzugt er im Wald vor allem lichte und grasige Plätze.

Tipp für unterwegs

Der Grüne Anis-Trichterling wächst gerne in der Laub- oder Nadelstreu. Untrügliche Kennzeichen sind die grünlichen Hüte und der Anisgeruch.

Grüner Anis-Trichterling
Clitocybe odora

Merkmale Der Grüne Anis-Trichterling ist ein kleiner bis mittelgroßer Pilz. Sein Hut ist 3–8 cm breit, anfangs gewölbt, dann verflachend, jedoch kaum trichterförmig. Seine Farbe variiert von hellem blaugrün zu grüngrau. Im Alter blassen die Hüte meist weißlich aus. Der Stiel ist 4–8 cm lang, anfangs weißlich, später blass graugrünlich. Der Pilz riecht intensiv nach Anis.
Vorkommen Grüne Anis-Trichterlinge erscheinen von August bis November in Laub- und Nadelwäldern.
Wissenswertes Der Pilz riecht nicht nur nach Anis, er schmeckt auch danach. Schon wenige Exemplare können einem Pilzgericht eine deutliche Anisnote verleihen, was nicht jedermanns Geschmack ist. Der giftige Langstielige Duft-Trichterling (→ S. 28) riecht ähnlich, wenn auch eher nach Kumarin als nach Anis. Er trägt einen cremefarbenen bis beige-grauen Hut.

In Laub- und Laubmischwald

Tipp für unterwegs

Elfenbein-Schnecklinge wachsen gerne einzeln bis gesellig auf leicht kalkhaltigen Böden in Buchenwäldern.

Elfenbein-Schneckling
Hygrophorus eburneus

Merkmale Der 3–8 cm breite, schmierig schleimige Hut des Elfenbein-Schnecklings breitet sich mit zunehmendem Alter unregelmäßig aus. Junge Pilze sind reinweiß, ältere elfenbeinfarben. Der 4–12 cm lange, dünne Stiel ist an der Basis zugespitzt und am oberen Ende feinkörnig bereift.
Vorkommen Der Pilz erscheint von August bis November in Laub- und Laubmischwäldern unter Buchen.
Wissenswertes Früher galt der Pilz gut gekocht als essbar. Heute rät man vom Genuss ab, allerdings eher aus geschmacklichen Gründen als wegen gesundheitlichen Folgen. Sein markanter Geruch erinnert an Mandarinen.

Tipp für unterwegs

Der Ockerbraune Trichterling wächst oft an Wegrändern. Er ist weit verbreitet und sehr häufig.

Ockerbrauner Trichterling
Clitocybe gibba

Merkmale Der 2–10 cm breite, lederfarbene bis ockerbraune Hut dieses Pilzes ist schon früh trichterförmig. Die gedrängt stehenden, weißlichen bis blass cremefarbenen Lamellen laufen weit am Stiel herab. Der helle Stiel ist 3–5 cm lang und bildet an der Basis zusammen mit Humus und Streu einen Myzelfilz.
Vorkommen Der Ockerbraune Trichterling erscheint von Juni bis Oktober meist gesellig in Laub- und Nadelwäldern.
Wissenswertes Der Pilz kann bei empfindlichen Personen Magen- und Darmbeschwerden verursachen. Zudem gibt es eine ganze Reihe sehr ähnlicher Trichterlingsarten, die teilweise stark giftig sind.

Tipp für unterwegs

Sie könnten den Duft-Trichterling aufgrund seines Geruchs kaum verwechseln.

Ein langer, schlanker Stiel ist typisch.

Langstieliger Duft-Trichterling
Clitocybe fragrans (C. suaveolens)

Merkmale Der Duft-Trichterling ist ein kleiner, aber häufig anzutreffender Pilz. Der 1–5 cm breite Hut ist anfangs gewölbt, bald aber flach niedergedrückt bis trichterförmig. Bei feuchter Witterung glänzt der beige-graue Hut speckig, und die Hutmitte ist dunkler gefärbt. Der Pilz riecht deutlich nach Anis.
Vorkommen Von Frühjahr bis Spätherbst in Laub- und Nadelwäldern, meist einzeln oder zu wenigen.
Wissenswertes Obwohl er sehr angenehm riecht, ist der Duft-Trichterling kein Speisepilz. Er enthält das giftige Muscarin und würde daher schwere Vergiftungen auslösen.

In Laub- und Laubmischwald

Nebelgrauer Trichterling, Nebelkappe
Clitocybe (Lepista) nebularis

Tipp für unterwegs
Vorsicht! Junge Fruchtkörper können auch von erfahrenen Pilzsammlern mit denen des giftigen Riesen-Rötlings verwechselt werden.

Merkmale Dieser große Trichterling trägt seinen Namen zu Recht: Der 5–20 cm breite Hut ist aschgrau bis graubraun und anfangs mit einem abwischbaren Reif überzogen. Der kräftige Stiel ist 6–10 cm lang und an seiner Basis oft stark erweitert. Die Lamellen sind gleichfarben und laufen am Stiel deutlich herab. Der Pilz hat einen aufdringlich süßlich parfümierten Geruch.

Vorkommen Nebelkappen erscheinen von September bis November in Reihen oder weiten Kreisen in Laub- und Nadelwäldern.

Wissenswertes Junge Nebelkappen galten früher als essbar, sie müssen aber gut und lange gekocht oder vor dem Braten blanchiert werden. Individuelle Unverträglichkeitsreaktionen (Verdauungsprobleme) sind allerdings möglich und auch relativ häufig. Weiterhin soll die Nebelkappe mutagene Substanzen enthalten. Vom Genuss des Pilzes wird daher heute generell abgeraten.

Riesen-Rötling
Entoloma sinuatum

Tipp für unterwegs
Der verlockend aussehende Pilz kommt nur gebietsweise häufiger vor und ist in seinem Bestand eher rückläufig.

Merkmale Der Riesen-Rötling ist ein kräftiger und fleischiger Pilz, der appetitlich nach Mehl und Gurken riecht. Der 5–20 cm breite Hut ist elfenbeinweiß, hellocker oder beigegrau, anfangs halbkugelig gewölbt, später ausgebreitet abgeflacht und oft flach gebuckelt. Die Lamellen sind anfangs gelblich, später lachs- bis rosagelb und am Stiel ausgebuchtet angewachsen.

Vorkommen Der Riesen-Rötling erscheint von Juni bis Oktober gesellig in lichten Laubwäldern auf kalkhaltigen Lehmböden.

Wissenswertes Beim Riesen-Rötling handelt es sich um einen der giftigsten Pilze unserer Laubwälder. Er verursacht sehr schwere, mehrtägige Brechdurchfälle und kann unter Umständen auch aufgrund der starken Dehydrierung tödliches Kreislaufversagen auslösen.

robuster Fruchtkörper mit lachsfarbenen Lamellen

In Laub- und Laubmischwald

Violetter Rötelritterling
Lepista nuda

Tipp für unterwegs

Es gibt ähnlich gefärbte, giftige Schleierlinge, z. B. den Bocks-Dickfuß (→ S. 106). Sie haben aber im Alter braune Lamellen.

Merkmale Der Violette Rötelritterling ist ein stattlicher und auffälliger Pilz. Der violette bis bräunlich violette Hut ist 5–15 cm breit, anfangs gewölbt, später verflachend und wellig gebogen. Die Lamellen stehen dicht und sind bei jungen Pilzen tief violett; sie verfärben sich auch im Alter nicht. Der kräftige, ebenfalls violette Stiel ist 4–12 cm lang und bis 3 cm breit.
Vorkommen Der Violette Rötelritterling erscheint von September bis November in Gruppen oder Ringen in Laub- und Nadelwäldern.
Wissenswertes Der Violette Rötelritterling ist ein geschätzter Speisepilz, dessen etwas süßlicher Geschmack aber nicht jedem zusagt. Sie sollten ihn daher beim ersten Mal nur in einer kleinen Menge essen, um Ihre persönliche Verträglichkeit zu testen. In der Volksheilkunde sagt man ihm Blutdruck senkende Eigenschaften nach.

Fuchsiger Rötelritterling
Lepista flaccida (L. inversa)

Tipp für unterwegs

Fuchsige Rötelritterlinge verlieren nach kalten Nächten ihre helle Farbe und werden dunkelbraun.

Merkmale Der Fuchsige Rötelritterling hat einen 3–8 cm breiten, jung flach gewölbten, später trichterförmigen Hut. Er ist im trockenen Zustand lederbraun, feucht fuchsig-rotbraun und schwach fleckig. Die dicht stehenden Lamellen sind zunächst weißlich gelb, später gelbrötlich bis orange. Der 2–5 cm lange und bis 1 cm breite Stiel trägt an seiner Basis einen auffälligen Myzelfilz.
Vorkommen Fuchsige Rötelritterlinge erscheinen von August bis November meist in Gruppen oder Ringen in Laub- und Nadelwäldern.
Wissenswertes Der Pilz ist zwar essbar, gilt aber als nicht schmackhaft. Er hat einen sehr giftigen Doppelgänger, den Parfümierten Trichterling, der bisher nur in Südeuropa aufgetreten ist. Dessen Name kommt von seinem blütenartigen Geruch, einem wichtigen Unterscheidungsmerkmal. Er könnte in warmen Gegenden auch bei uns vorkommen.

Die Lamellen sind stark herablaufend.

In Laub- und Laubmischwald

Tipp für unterwegs

Alle braunhütigen Ritterlinge gelten als ungenießbar bis leicht giftig. Sie sollten von dieser Gruppe am besten die Finger lassen.

Brandiger Ritterling
Tricholoma ustale

Merkmale Der Brandige Ritterling ist ein mittelgroßer Pilz. Der hell kastanien- bis olivbraune Hut ist 4–10 cm breit, feucht schmierig, jung halbkugelig, dann gewölbt bis abgeflacht. Die Lamellen sind zunächst cremeweiß, später dann rostfleckig. Der 4–10 cm lange Stiel ist an der Spitze hell und abwärts mit feiner bräunlicher Faserung versehen. Die Pilze wachsen oftmals büschelig.
Vorkommen Brandige Ritterlinge erscheinen vom Sommer bis Herbst in Buchenwäldern auf sauren und basischen Böden.
Wissenswertes Der Brandige Ritterling ist leicht giftig. Ungeklärt ist noch, ob die beobachteten Vergiftungserscheinungen auf ungenügendes Kochen, individuelle Unverträglichkeiten oder giftige Substanzen im Pilz zurückzuführen sind. Sein Geschmack ist bitter, insofern käme er als Speisepilz sowieso nicht infrage.

Tipp für unterwegs

Den Grünling können Sie vor allem in den norddeutschen Kiefernwäldern auf sauren, sandigen, nährstoffarmen Böden häufig antreffen.

Das helle Fleisch unterscheidet ihn vom Schwefel-Ritterling (→ S. 36)

Grünling
Tricholoma equestre (T. auratum)

Merkmale Der Grünling ist ein mittelgroßer, gelber bis gelbgrüner Pilz. Der 4–12 cm breite, dickfleischige Hut ist jung halbkugelig, bald aber breit gebuckelt und auf der Oberfläche mit bräunlich gelben Schüppchen belegt. Die Lamellen sind schwefelgelb bis zitronengelb. Der kräftige Stiel ist 6–10 cm lang, oben weißlich, nach unten zu gelbgrünlich bis bräunlich gelb gefärbt.
Vorkommen Grünlinge erscheinen von September bis Dezember hauptsächlich in sandigen Kiefernwäldern, seltener unter Pappeln.
Wissenswertes Der Grünling galt früher als ausgezeichneter Speisepilz, muss heute jedoch als giftig eingestuft werden. Nach neueren Untersuchungen verursacht der Pilz eine Degeneration und Nekrose bestimmter Muskeln *(Rhabdomyolyse)*, die in manchen Fällen sogar zum Tod geführt hat. Fachleute unterscheiden zwei Arten, die vermutlich beide giftig sein können.

In Laub- und Laubmischwald

Tipp für unterwegs

Den Pilz erkennen Sie mit verbundenen Augen: Er riecht widerlich stechend Leuchtgas- bzw. Karbidähnlich.

Alle Teile des Pilzes sind gelb.

Schwefel-Ritterling
Tricholoma sulphureum

Merkmale Der Schwefel-Ritterling ist ein einheitlich schwefelgelber Pilz. Der 3–7 cm breite Hut sitzt auf einem bis 8 cm langen Stiel. Er ist jung stumpfkegelig, wird aber mit zunehmendem Alter abgeflacht mit leichtem Buckel. Oft ist er in der Mitte bräunlich getönt. Die dicken Lamellen stehen weit auseinander.
Vorkommen Schwefel-Ritterlinge erscheinen von Juli bis Oktober in Laub- und Nadelwäldern, oft unter Buchen.
Wissenswertes Der Pilz ist schwach giftig.

Tipp für unterwegs

Dieser Ritterling verströmt einen widerlich süßlichen (nahezu unverschämten) Geruch, der Sie ganz bestimmt vom Sammeln abhält.

Unverschämter Ritterling
Tricholoma lascivum

Merkmale Der Unverschämte Ritterling hat einen 3–7 cm breiten Hut, der jung gewölbt, bald abgeflacht und oft unregelmäßig wellig und gebuckelt ist. Junge Pilze sind weißlich cremefarben, ältere ockerfarben mit dunklerer Mitte. Der schlanke, weißliche Stiel wird bis 6 cm lang.
Vorkommen Unverschämte Ritterlinge erscheinen von August bis Oktober verbreitet in Buchenwäldern.
Wissenswertes Der ähnlich aussehende Lästige Ritterling *(T. inamoenum)* wächst im Fichtenwald, der Strohblasse Trichterling *(T. stiparophyllum)* unter Birken. Beide haben weitere Lamellen als der Unverschämte Ritterling.

Tipp für unterwegs

Typisch sind der Geruch nach Seifenlauge und das langsame Röten des Fleisches bei Reibung.

rötliche Stielbasis

Seifen-Ritterling
Tricholoma saponaceum

Merkmale Der 4–8 cm breite Hut des Seifen-Ritterlings kann schwarz- bis olivbraun, aber auch grünlich oder gelblich gefärbt sein. Die Hüte sind zum Rand hin stets heller gefärbt. Die Lamellen stehen weit auseinander. Der zylindrische oder spindelförmige, helle Stiel ist 4–10 cm lang.
Vorkommen Der Pilz erscheint von August bis November in Laub- und Nadelwäldern, vor allem auf sauren Böden.
Wissenswertes Kaum eine Pilzart ist derart variabel. Am stärksten variiert die Hutfarbe. Der Stiel kann glatt oder beschuppt sein und manche Formen röten auffallend, andere gar nicht. Der Pilz ist stark magen-darm-giftig.

In Laub- und Laubmischwald

Tipp für unterwegs

Typischer als das häufig ausbleibende Röten sind die blauen Flecken an der Stielbasis, die sich nach einigen Stunden entwickeln.

Rötender Erd-Ritterling
Tricholoma orirubens

Merkmale Der Rötende Erd-Ritterling ist ein mittelgroßer Pilz mit mehlartigem Geruch und Geschmack. Der 4–8 cm breite, grauweiße Hut ist dicht mit schwarzbraunen Schüppchen besetzt und am Rand heller. Junge Pilze haben halbkugelige, ältere flach gewölbte Hüte. Die grauweißen Lamellen werden bei längerem Liegen oder im Alter oft rosarot. Der 4–5 cm lange Stiel ist weißlich.
Vorkommen Rötende Ritterlinge kommen von September bis November einzeln oder gesellig in Laub- und Nadelwäldern vor.
Wissenswertes Unter den Ritterlingen mit dunklem, schuppigem Hut befinden sich einige Giftpilze. Fatale Folgen könnten Verwechslungen mit dem giftigen Tiger-Ritterling haben. Anfänger sollten auch die essbaren Ritterlinge sicherheitshalber meiden.

Tipp für unterwegs

Im Gegensatz zu essbaren Erd-Ritterlingen weist der Tiger-Ritterling immer einen keulig verdickten Stiel auf.

Tiger-Ritterling
Tricholoma pardalotum (T. pardinum)

Merkmale Der Tiger-Ritterling ist ein stämmiger Pilz. Sein Hut ist 5–10 cm breit, jung halbkugelig, später flach gewölbt, selten verflachend. Die weiße Oberfläche ist mit silbergrauen bis graubräunlichen, konzentrischen Schuppen besetzt. Die Lamellen sind weißlich, jung oft mit Wassertropfen versehen. Der weißliche Stiel ist 6–10 cm lang und an der Basis verdickt.
Vorkommen Tiger-Ritterlinge findet man von August bis Oktober in Laub- und Nadelwäldern, v. a. auf Kalkböden.
Wissenswertes Der Tiger-Ritterling verursacht lang anhaltende kolikartige Bauchschmerzen und schwere Brechdurchfälle. Die Vergiftungserscheinungen treten erst drei bis vier Stunden nach der Mahlzeit ein. Er ist ein seltener Pilz, der nur örtlich häufiger vorkommt und in vielen Gegenden auf der Roten Liste der gefährdeten Pilzarten steht.

Frische Fruchtkörper haben Wassertropfen an der Stielspitze.

In Laub- und Laubmischwald

Tipp für unterwegs

Sie finden den Gemeinen Weichritterling an grasigen Plätzen oder Wegrändern im Laub- und Nadelwald.

Ausgebuchtete Lamellen haben alle Ritterlings-Arten.

Gemeiner Weichritterling
Melanoleuca melaleuca

Merkmale Der Gemeine Weichritterling hat einen 4–8 cm breiten, grauschwarzen bis schwarzbraunen Hut, der bei jungen Pilzen gewölbt, bei älteren ausgebreitet und oft schwach gebuckelt ist. Die weißlichen Lamellen stehen gedrängt. Der schlanke Stiel ist 5–7 cm lang, längsfaserig und dunkelbraun gefärbt. Das Fleisch ist weich und schwammig, daher auch der Name Weichritterling.
Vorkommen Der Gemeine Weichritterling erscheint von August bis November einzeln bis gesellig in Laub- und Nadelwäldern.
Wissenswertes Unter den Weichritterlingen gibt es einige recht ähnlich aussehende Arten, die bisher noch unzureichend untersucht sind. Da es im Herbst jedoch viele andere, schmackhaftere Pilze gibt, sollten Sie auf das Sammeln des Gemeinen Weichritterlings und seiner Verwandten verzichten, zumal sie auch nicht besonders schmackhaft sind.

Tipp für unterwegs

Der Frühlings-Weichritterling ist einer der ersten im Frühjahr erscheinenden Pilze und zu der Zeit kaum zu verwechseln.

Frühlings-Weichritterling
Melanoleuca cognata

Merkmale Der Frühlings-Weichritterling hat einen flachen, leicht gebuckelten Hut und ein weiches, cremefarbenes Fleisch. Der 4–10 cm breite Hut kann hell- bis ockerbraun oder graubräunlich gefärbt sein, oft mit dunklerer Mitte. Die breiten, creme- bis ockerfarbenen Lamellen stehen dicht gedrängt. Der schlanke, faserig gestreifte Stiel ist 6–10 cm lang und dem Hut gleichfarben.
Vorkommen Frühlings-Weichritterlinge erscheinen vor allem von April bis Juni an Wegrändern in Wäldern.
Wissenswertes Trotz seines Namens kommt der Frühlings-Weichritterling nicht nur im Frühjahr vor, sondern gelegentlich auch noch einmal in einem Wachstumsschub im Spätherbst. Er wird dann oft nicht erkannt, doch die ockerfarbenen Lamellen unterscheiden ihn gut von allen anderen Weichritterlingsarten.

In Laub- und Laubmischwald

Weißer Rasling
Lyophyllum connatum

Merkmale Der Weiße Rasling ist ein auffälliger, weißhütiger Pilz. Der fein bereifte Hut ist 3–7 cm breit, jung halbkugelig, bald aber ausgebreitet mit wellig gebogenem Rand. Junge Pilze sind reinweiß, ältere weiß-grau. Die Lamellen sind bei jungen Pilzen weiß, bei älteren gelblich getönt. Der schlanke Stiel ist 4–10 cm lang und an der Basis meist büschelig verwachsen.
Vorkommen Weiße Raslinge erscheinen von August bis November dicht büschelig an grasigen Wegrändern.
Wissenswertes Der Pilz galt früher als essbar. Er enthält nach neueren Forschungsergebnissen aber einen Erbgut schädigenden Stoff. Daher wird er heute unter den Giftpilzen geführt. Wegen der hohen Verwechslungsgefahr mit anderen weißhütigen Arten, die teilweise tödlich giftig sind, sollte man ihn sowieso besser stehen lassen.

Tipp für unterwegs
Der unerfahrene Speisepilzsammler sollte sich merken: Lieber Hände weg von allen weißhütigen Pilzen.

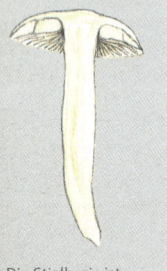

Die Stielbasis ist zugespitzt.

Brennender Rübling
Gymnopus peronatus

Merkmale Der Brennende Rübling ist ein kleiner, hell- bis rötlich brauner Pilz, der auch noch nach langer Trockenheit in der Streu zu sehen ist. Der 3–5 cm breite Hut ist anfangs gewölbt, später flach. Die blassgelben bis gelbbraunen Lamellen stehen ziemlich weit auseinander. Der 4–7 cm lange Stiel ist schlank, seine Basis ist mit dichtem, gelblichem Myzelfilz überzogen.
Vorkommen Der Brennende Rübling kommt von Juli bis Oktober gesellig auf Blättern und Nadeln in Laub- und Nadelwäldern vor.
Wissenswertes Als Streuzersetzer besitzt der Brennende Rübling einen großen ökologischen Wert. Als Speisepilz ist er dagegen nicht verwendbar, denn sein Fleisch ist brennend scharf (Name!), was allerdings erst nach einiger Zeit des Kauens bemerkbar wird. Von ähnlichen Rüblingen unterscheidet er sich auch durch die gelblichen, weit auseinander stehenden Lamellen.

Tipp für unterwegs
Besonders häufig findet man den Brennenden Rübling in großen Gruppen oder Ringen in der Laubstreu von Buchenwäldern.

In Laub- und Laubmischwald

Waldfreund-Rübling
Gymnopus dryophilus

Merkmale Der Waldfreund-Rübling ist ein kleiner, dünnfleischiger Pilz. Der 2–6 cm breite, dünne Hut ist anfangs gewölbt, dann ausgebreitet und oft wellig gebogen. Er ist gelblich bis fleischrötlich, hat eine dunklere Mitte und blasst bei Trockenheit aus. Die dicht stehenden Lamellen sind weißlich bis blassgelblich. Der schlanke, 3–8 cm lange Stiel ist blassgelblich ocker und glatt.
Vorkommen Der Waldfreund-Rübling wächst von Mai bis Oktober in Laub- und Nadelwäldern, aber auch in Gärten.
Wissenswertes Die Hüte sind gut gekocht essbar, die Stiele sind jedoch zäh und daher ungenießbar. Er ist kein sehr wohlschmeckender Pilz und wenig ergiebig. Als Mischpilz kann er verwendet werden, empfindliche Personen sollten den Waldfreund-Rübling aber lieber meiden. Da es einige ähnliche giftige Arten gibt, sollte er nur von geübten Pilzsammlern gesammelt werden.

> **Tipp für unterwegs**
> Da sich der Pilz von totem, organischem Material ernährt, sollten Sie den Recycling-Spezialisten stehen und „arbeiten" lassen.

Die Lamellen sind sehr dicht stehend.

Striegeliger Rübling
Gymnopus hariolorum

Merkmale Der Striegelige Rübling ist vom Aussehen her dem Waldfreund-Rübling ähnlich. Sein Hut ist 2–5 cm breit, konvex bis abgeflacht, bisweilen mit stumpfem Buckel. Er ist cremefarben bis blassbräunlich gefärbt, die Mitte mehr rötlich braun. Der dünne Stiel ist bis 6 cm lang, weißlich bis blassgelblich, feinfilzig und im unteren Teil meist deutlich striegelig behaart.
Vorkommen Der Striegelige Rübling kommt von Mai bis September meist büschelig in der Streu vom Laubwald vor.
Wissenswertes Der Striegelige Rübling unterscheidet sich vom Waldfreund-Rübling in erster Linie durch seinen unangenehmen Geruch nach faulendem Kohl. Weiterhin ist auf die striegelige Stielbasis (→ Bild) zu achten. Er verursacht leichte bis schwere Verdauungsstörungen und gilt daher zu Recht als giftig.

> **Tipp für unterwegs**
> Im Laubwald kann der Pilz bei warmer, feuchter Witterung in großen Mengen auftreten, vor allem im Frühsommer.

In Laub- und Laubmischwald

Tipp für unterwegs

Der Knopfstielige Rübling ist ein typischer Streuzersetzer, der immer in geselligen Büscheln auftritt.

Fleisch bräunlich

Knopfstieliger Rübling
Gymnopus confluens

Merkmale Beim Knopfstieligen Rübling sitzen die kleinen, flach gebuckelten, blass-ocker bis fleischbräunlichen Hüte auf langen, dünnen, rotbräunlich bereiften Stielen, die meist büschelig verwachsen sind. Die Lamellen sind cremefarben bis rosabräunlich und stehen auffallend gedrängt.
Vorkommen Die kleinen Pilze erscheinen vom Sommer bis Herbst in Laub- und Nadelwäldern.
Wissenswertes Wenn man ruckartig den Hut nach oben vom Stiel trennt, bleibt eine knopfartig erweiterte Stielspitze zurück, die der Art ihren Name gegeben hat. Dieser Rübling sollte besser nicht gegessen werden, da sein Speisewert nicht genau bekannt ist.

Tipp für unterwegs

Ausgeblasst sind die Hüte weiß und der feucht dunkelgraue Pilz ist dann kaum wiederzuerkennen.

Der Stiel ist innen wattig, dann hohl.

Horngrauer Rübling
Rhodocollybia butyracea var. *asema*

Merkmale Der Horngraue Rübling ist mittelgroß. Der 4–7 cm breite, horngraue bis graubraune Hut ist erst gewölbt, dann abgeflacht und stumpf gebuckelt. Er ist feucht oft zweifarbig mit dunklerer Mitte. Die Lamellen sind weiß. Der markige, 3–8 cm lange Stiel ist graubräunlich und zur Basis hin verdickt.
Vorkommen Horngraue Rüblinge treten von Sommer bis Herbst meist gesellig in Laub- und Nadelwäldern auf.
Wissenswertes Diese hell- bis dunkelgraue Varietät des Butterrüblings ist wesentlich häufiger als die Hauptart. Die Hüte können einem Mischgericht beigemengt werden, dagegen sind die Stiele zum Essen zu zäh.

Tipp für unterwegs

Sie finden den Kastanienroten Rübling häufig auf sauren Böden zwischen Sauerklee und Farn.

Kastanienroter Rübling, Butterrübling
Rhodocollybia butyracea var. *butyracea*

Merkmale Im Wesentlichen bis auf die Farbe dem Horngrauen Rübling gleichend. Der 2–7 cm breite Hut ist mehr oder weniger rotbraun mit dunklerer Mitte. Die schmutzig weißen Lamellen stehen dicht beieinander. Der 3–8 cm lange, rotbraune Stiel ist zur Basis hin keulig verdickt und meist weißfilzig.
Vorkommen Der Butterrübling erscheint von Juli bis November in Laub- und Nadelwäldern.
Wissenswertes Kastanienroter und Horngrauer Rübling gelten bei manchen Mykologen auch als eine Art, da sie sich nur in der Färbung unterscheiden. Zum Essen sollten nur die Hüte als Mischpilz verwendet werden.

In Laub- und Laubmischwald

Schwarzgezähnelter Rettich-Helmling
Mycena pelianthina

> **Tipp für unterwegs**
>
> Ein typisches Merkmal für alle Helmlinge ist neben dem dünnen Stiel der in feuchtem Zustand durchscheinend geriefte Hut (→ Bild).

Merkmale Der Schwarzgezähnelte Rettich-Helmling ist ein relativ kleiner, zerbrechlicher Pilz. Der 2–5 cm breite Hut ist feucht grauviolett oder blasslila mit dunklerem Rand. Trocken blasst er beigefarben bis weißlich aus, mit violettlichem Ton. Die breiten, grauvioletten Lamellen sind schwarzpurpurn „gezähnelt". Der dünne, 4–7 cm lange Stiel ist blass grauviolett.

Vorkommen Dieser Helmling erscheint von Juni bis Oktober. Er kommt gerne im Buchenlaub, aber auch unter anderen Bäumen vor.

Wissenswertes In älteren Pilzbüchern wird dieser Rettich-Helmling als essbar bezeichnet. Auch wenn in ihm kein Muscarin wie beim verwandten Rosa Rettich-Helmling gefunden wurde, sollte der Pilz nicht gegessen werden, da er vermutlich magen-darm-giftig wirkt. Wie bei allen Rettich-Helmlingen riecht auch bei ihm das Fleisch rettichartig.

Die schwarze Lamellenscheide kennzeichnet ihn.

Gurkenschnitzling
Macrocystidia cucumis

> **Tipp für unterwegs**
>
> Sie können den Gurkenschnitzling ganz eindeutig an seinem Geruch erkennen: Junge Pilze riechen nach Gurken, ältere nach Lebertran.

Merkmale Der Gurkenschnitzling ist ein kleiner Pilz mit feinsamtigem, 2–6 cm breitem Hut, der in der Mitte schwarzbraun ist. Zum Rand hin wird er rotbraun bis ocker. Jung ist er kegelig, alt abgeflacht und gebuckelt. Die dicht stehenden Lamellen sind jung weißlich, alt ockerlich. Der dünne Stiel ist 3–7 cm lang, dunkel rotbraun und fein bereift.

Vorkommen Der Gurkenschnitzling erscheint von Juli bis November hauptsächlich an grasigen Waldwegen und Holzlagerplätzen in Wäldern.

Wissenswertes Der Gurkenschnitzling ist ein schöner und sehr variabler Pilz. Als Stickstoff liebende Art findet man ihn nicht im Waldesinnern, sondern an Wegrändern oder an ähnlichen Stellen mit verdichtetem Boden. Auch außerhalb des Waldes in Gärten wächst dieser Pilz. Er ist nicht essbar, und das Sammeln wäre aufgrund seiner kleinen Fruchtkörper auch gar nicht lohnenswert.

In Laub- und Laubmischwald

Gelber Knollenblätterpilz
Amanita citrina

Tipp für unterwegs

Der Pilz riecht auffallend stark nach rohen Kartoffeln, was ihn trotz seines variablen Aussehens gut erkennen lässt.

Merkmale Der Gelbe Knollenblätterpilz ist ein mittelgroßer Pilz. Der blass- bis zitronengelbe, bisweilen auch gelbgrünliche oder ganz weiße Hut ist 5–9 cm breit und mit unregelmäßigen, rosagelben Flocken (Hüllresten) bedeckt. Jung ist er halbkugelig, älter gewölbt bis ausgebreitet. Die Lamellen sind weißlich. Der Stiel hat an der Basis eine gerandete Knolle und trägt einen weißen Ring.

Vorkommen Der Gelbe Knollenblätterpilz wächst von August bis November in Laubwäldern hauptsächlich auf trockenen, sauren Böden.

Wissenswertes Alle Knollenblätterpilze sind mehr oder weniger stark giftig. Während einige Arten sogar tödlich sein können, ist der Gelbe Knollenblätterpilz wohl nur schwach giftig. In manchen Gegenden Russlands wird er sogar regelmäßig gesammelt. Das sollte uns aber nicht dazu verleiten, ihn als Speisepilz zu betrachten.

Die Stielbasis ist eine große, runde Knolle.

Grüner Knollenblätterpilz
Amanita phalloides

Tipp für unterwegs

Tödlich giftig! Generell gilt: Finger weg von Pilzen mit weißen Lamellen, einem Stiel mit Manschette und Knolle.

Merkmale Der Grüne Knollenblätterpilz ist anfangs komplett von einer weißen Hülle umgeben. Daraus entwickelt sich ein erst kegeliger, dann flach ausgebreiteter, 4–12 cm breiter Hut. Er ist gelbgrün bis dunkeloliv und trägt nur selten weiße Hüllreste. Die Lamellen sind weiß. Der 6–12 cm lange Stiel ist beringt und an der Basis knollig verdickt in einer häutigen, weißen Hülle.

Vorkommen Der Grüne Knollenblätterpilz ist ein recht häufiger Laubwaldpilz, der von Juli bis November gerne unter Buchen und Eichen wächst.

Wissenswertes Der Grüne Knollenblätterpilz ist tödlich giftig. Selbst wenn Bruchstücke zum Sammelgut gelangen, besteht akute Vergiftungsgefahr! Neben den Vorkommen im Laubwald kann er auch in Parkanlagen und selbst in Gärten wachsen, vorausgesetzt ein entsprechender Baumpartner steht zur Verfügung. Dieser kann bis zu 20 Metern vom Pilzfruchtkörper entfernt stehen!

Die runde Stielbasis steckt in einer Volva.

In Laub- und Laubmischwald

Tipp für unterwegs

Der Graue Wulstling ist nur etwas für erfahrene Sammler, da er dem giftigen Pantherpilz gleicht, der oft mit ihm gemeinsam vorkommt.

Den Pilz kennzeichnet eine rübenförmige Stielbasis.

Grauer Wulstling
Amanita excelsa (A. spissa)

Merkmale Der Graue Wulstling ist ein häufiger Pilz. Der 5–14 cm breite Hut ist jung halbkugelig, später gewölbt bis abgeflacht. Auf der grauen bis hellgrau-bräunlichen Oberfläche sitzen unregelmäßig verteilt grauweiße Flocken. Die Lamellen sind weiß. Der 6–15 cm lange Stiel ist zur Basis hin rübenförmig erweitert. Im oberen Stieldrittel hängt ein deutlich geriefter Ring.
Vorkommen Der Graue Wulstling erscheint einzeln bis gesellig von Juni bis Oktober in fast allen Waldtypen.
Wissenswertes Da der Pilz oft in großer Zahl auftritt, wird er gebietsweise gerne gesammelt. Andere wiederum verzichten aufgrund des etwas dumpfen Geschmacks lieber auf ihn. Unerfahrene Pilzsammler sollten ihn vor dem Verzehr auf jeden Fall von einem Fachmann nachbestimmen lassen, um die häufig vorkommende Verwechslung mit dem Pantherpilz zu vermeiden.

Tipp für unterwegs

Achten Sie auf die Stielknolle und den ungerieften (!) Ring, um den Pantherpilz vom essbaren Grauen Wulstling und Perlpilz (→ S. 54) zu unterscheiden.

Stielbasis mit typischer Randwulst

Pantherpilz
Amanita pantherina

Merkmale Der Pantherpilz verdankt seinen Namen wohl der braunen Hutoberfläche mit den konzentrischen weißen Hüllresten. Der 5–12 cm breite Hut ist zunächst halbkugelig, dann gewölbt und schließlich ausgebreitet. Die weißen Lamellen stehen dicht gedrängt. Der weiße Stiel ist 5–10 cm lang, trägt einen ungerieften, hängenden Ring und endet in einer breiten, wulstig gerandeten Knolle.
Vorkommen Pantherpilze erscheinen von Juli bis Oktober in Laub- und Nadelwäldern auf Sandböden.
Wissenswertes Der Pilz verursacht Krämpfe, Erbrechen, Atemlähmung und Kreislaufversagen. Auffallend ist auch, dass die Vergiftungen meist von schweren Tobsuchtsanfällen begleitet sind, die den Vergifteten so unberechenbar machen, dass er im Krankenhaus oft fixiert werden muss. Pantherpilzvergiftungen können zum Tode führen, wenngleich das auch selten vorkommt.

In Laub- und Laubmischwald

Tipp für unterwegs

Der Perlpilz kann je nach Standort und Klima sehr vielgestaltig gefärbt, schmächtig oder kräftig sein (→ Bild).

Die rübenförmige Knolle ist leicht rötlich gefärbt.

Perlpilz, Rötender Wulstling
Amanita rubescens

Merkmale Der Perlpilz ist sehr variabel. Der 5–15 cm breite Hut ist fleischrötlich bis fast weiß und mit grauweißen Flocken besetzt. Die weißen Lamellen flecken im Alter und an Fraßstellen (wie auch das Fleisch) rötlich. Der 5–15 cm lange Stiel ist weißlich, dann zunehmend rötlich getönt. Er endet in einer rübenförmigen Knolle. Der herabhängende, häutige Ring ist oberseits gerieft.

Vorkommen Der verbreitete und sehr häufige Pilz erscheint von Juni bis Oktober in Wäldern aller Art.

Wissenswertes Der Pilz ist, wie viele andere Speisepilze auch, roh giftig! Die Giftstoffe werden jedoch durch gründliches Erhitzen zerstört, so dass der Perlpilz zu den essbaren Pilzen zählt. Der oberseits gerieft Ring und das fleischrötliche Verfärben von Druckstellen und im Alter kennzeichnen ihn gut. Dennoch sollten ihn weniger geübte Pilzsammler meiden, da er mit dem giftigen Pantherpilz (→ S. 52) verwechselt werden kann.

Tipp für unterwegs

Geheimtipp: Wo Fliegenpilze unter Fichten wachsen, da sind auch Steinpilze nicht weit entfernt.

Fliegenpilz, Roter Fliegenpilz
Amanita muscaria

Merkmale Der wohl bekannteste Pilz ist der Fliegenpilz mit seinem 5–15 cm breiten, rot bis orangegelb gefärbten Hut, der mit weißen Pusteln besetzt ist. Die Lamellen sind weiß bis schwach gelblich. Der weiße Stiel wird 6–20 cm lang, endet in einer Knolle, die am Rand mit Warzenkränzen besetzt ist und trägt im oberen Drittel einen zarten, hängenden Ring.

Vorkommen Fliegenpilze erscheinen von Juli bis Oktober im Nadelwald oder unter Birken, vor allem in Berglagen.

Wissenswertes Ganz junge, noch eiförmige Fliegenpilze könnten mit jungen Bovisten (→ S. 138) verwechselt werden. Durchgeschnitten zeigt sich jedoch eine rotgelbe Linie unter der Haut. Früher legte man Stücke von ihm in eine Schüssel Milch, um damit Fliegen anzulocken, die durch das darin gelöste Gift betäubt wurden. Daher kommt der Name Fliegenpilz.

In Laub- und Laubmischwald

Tipp für unterwegs

Dieser Egerling kann leicht mit dem giftigen Karbol-Egerling, aber auch mit tödlich giftigen Knollenblätterpilzen (→ S. 50) verwechselt werden.

Dünnfleischiger Anis-Egerling
Agaricus silvicola

Merkmale Der mittelgroße Anis-Egerling hat, wie die meisten Egerlinge, einen weißen Hut, der jung halbkugelig ist, alt jedoch verflacht. Er ist 5–10 cm breit und verfärbt sich beim Reiben chromgelb, später braungelb. Er sitzt auf einem schlanken, 5–8 cm langen Stiel, der am Grunde knollig verdickt ist und einen hängenden, häutigen Ring trägt. Das Fleisch riecht und schmeckt nach Anis.
Vorkommen Dieser Anis-Egerling erscheint von Juli bis November in Laub- und Nadelwäldern, besonders in der Nadelstreu unter Fichten.
Wissenswertes Das dünne Fleisch, auf das der Pilzname zurückzuführen ist, ist nicht sonderlich wohlschmeckend. Dazu behält es sein anisartiges Aroma auch beim Kochen, was nicht jedermanns Geschmack ist. Im Gegensatz zum giftigen Karbol-Egerling gilbt der Anis-Egerling nur außen, aber nicht innen in der Stielknolle.

Tipp für unterwegs

Test vor Ort: Schneiden Sie den Pilz in der Stielknolle an und achten Sie auf eine Verfärbung. Chromgelb? Dann Finger weg!

Das chrom-gelbe Fleisch der Basis ist kennzeichnend.

Karbol-Egerling
Agaricus xanthoderma

Merkmale Der giftige Karbol-Egerling sieht leider den essbaren Champignons sehr ähnlich. Der 5–15 cm breite Hut ist ebenfalls weiß, die dicht stehenden Lamellen jung blassrosa, später graurosa bis fast schwarzbraun. Der 8–12 cm lange Stiel ist an der Basis knollig verdickt und trägt einen dauerhaften, häutigen Ring. Die Basis verfärbt sich beim Anschneiden chromgelb (→ Bild).
Vorkommen Karbol-Egerlinge treten von Mai bis Oktober in lichten Wäldern, an Waldrändern, in Wiesen, Gärten und Parkanlagen auf.
Wissenswertes Da der Karbol-Egerling spätestens beim Kochen einen unangenehmen Karbolgeruch (Name!) verströmt, sind Vergiftungsfälle selten, denn spätestens jetzt werden die meisten auf den „Genuss" dieses Pilzes verzichten. Aber auch wenn dieser Geruch einmal nicht bemerkbar sein sollte, würde ihn das sich gelb verfärbende Kochwasser entlarven.

In Laub- und Laubmischwald

Tipp für unterwegs

Dank seiner Größe und dem charakteristischen Ring können Sie den Parasol kaum mit anderen Pilzen verwechseln.

Parasolpilz, Riesenschirmpilz
Macrolepiota procera

Merkmale Der Parasolpilz ändert im Laufe seines Wachstums ganz auffällig seine Form: Jung erinnert er an ein Anisplätzchen, dann wächst der Stiel und er sieht aus wie ein Paukenschlegel. Zuletzt breitet sich der 15–30 cm breite, schirmartige Hut aus, der mit abstehenden Schuppen bedeckt ist. Der genatterte Stiel hat nun eine Höhe von 20–30 cm und trägt einen verschiebbaren Ring.
Vorkommen Parasolpilze wachsen von Juli bis Oktober an lichten Stellen in Laub- und Mischwäldern, an Böschungen oder auf Lichtungen.
Wissenswertes Die großen Hüte, als „Schnitzel" paniert oder gebraten, sind ergiebig und ein köstlicher Genuss. Man muss aber darauf achten, dass sie gut durchbraten, also dass sie flach in der Pfanne liegen. Sein Ring ist ein untrügliches Merkmal, denn alle Lamellenpilze mit einem am Stiel entlang verschiebbaren Ring gehören zu den essbaren Riesenschirmlingen.

Tipp für unterwegs

Der Stachelschirmling sieht dem Parasol zwar ähnlich, die dichten Lamellen und der verwachsene Ring unterscheiden ihn aber gut.

Spitzschuppiger Stachelschirmling
Lepiota aspera

Merkmale Der Spitzschuppige Stachelschirmling ist ein mittelgroßer Vertreter der Schirmlinge. Der dickfleischige Hut erreicht eine Breite von 6–15 cm. Auf cremefarbenem Grund sitzen braune, spitzkegelige, abreibbare Schuppen. Die sehr dichten Lamellen sind weißlich, später cremefarben. Der weißliche Stiel ist 5–12 cm lang und trägt einen häutigen, vergänglichen Ring. Die Stielbasis ist knollig.
Vorkommen Dieser Stachelschirmling wächst von August bis November in Wäldern, Gärten und Parks, bevorzugt an Wegrändern.
Wissenswertes Der Spitzschuppige Stachelschirmling wächst gerne an nährstoffreichen Stellen und kann dann sehr groß werden, so dass ungeübte Sammler ihn dann manchmal für einen Riesenschirmling halten. Er ist magen-darm-giftig und löst zusätzlich wie der Falten-Tintling (→ S. 134) ein Antabus-Syndrom aus, wenn er mit Alkohol zusammen genossen wird.

In Laub- und Laubmischwald

Tipp für unterwegs

Der Gefleckte Risspilz lädt mit seiner schmutzig bräunlichen Farbe auch vom Aussehen her nicht unbedingt zum Sammeln ein.

Gefleckter Risspilz
Inocybe maculata

Merkmale Der Gefleckte Risspilz hat einen kastanienbraunen, tiefrissigen, 3–6 cm breiten Hut, der mit silbrigen Hüllresten überzogen ist und grauweiße bis schmutzig braune Lamellen trägt. Der längsfaserige, 4–6 cm lange Stiel ist ocker- bis dunkelbraun.
Vorkommen Der Gefleckte Risspilz ist ein typischer Laubwaldpilz, der von Juli bis Oktober erscheint.
Wissenswertes Die Risspilze umfassen mehr als 150 Arten, die allesamt ungenießbar oder giftig sind. Die meisten davon sind ocker bis braun gefärbt und riechen unangenehm spermatisch. Man begegnet ihnen meist an Wegrändern auf Kalkböden.

Tipp für unterwegs

Der Kegelige Risspilz ist in Farbe und Form variabel. Neben braunen Exemplaren man auch gelbe, graue und weiße Exemplare.

kegelige Hutform

Kegeliger Risspilz
Inocybe rimosa

Merkmale Der Kegelige Risspilz trägt einen grauen bis ockerbraunen, radialfaserigen, 3–7 cm breiten Hut. Dieser ist zunächst kegelig, bald jedoch ausgebreitet mit typisch zugespitztem Buckel und schmutzig olivbraunen Lamellen. Der 6–8 cm lange Stiel ist bei älteren Pilzen ockerfarben mit weiß bereifter Spitze.
Vorkommen Der Kegelige Risspilz kommt von Juni bis Oktober auf basenhaltigen Böden an Wegrändern und in Laub- und Nadelwäldern vor.
Wissenswertes Der Kegelige Risspilz ist weit verbreitet und die häufigste Art der Gattung. Wie alle Risspilze enthält er das Nervengift Muscarin.

Tipp für unterwegs

Lassen Sie sich nicht vom appetitlichen Geruch täuschen: Der Grünscheitelige Risspilz enthält Muscarin und andere Giftstoffe!

Grünscheiteliger Risspilz
Inocybe corydalina

Merkmale Dieser Risspilz hat einen 2–6 cm breiten, stumpf gebuckelten Hut, der im Scheitelbereich oliv- bis blaugrünlich überhaucht, zum Rand hin graubeige bis ockerbräunlich gefärbt ist. Junge Lamellen sind weißlich, alte erdbraun. Der Stiel ist 3–6 cm lang, erst weißlich, dann bräunlich.
Vorkommen Der Pilz erscheint von Juli bis Oktober in Laubwäldern auf Kalk.
Wissenswertes Dieser Risspilz riecht im Gegensatz zu den meisten anderen Arten angenehm süßlich aromatisch.

In Laub- und Laubmischwald

Schleiereule
Cortinarius praestans

Tipp für unterwegs

Schleiereulen schätzen kalkreiche Böden und Buchenhaine. Vorsicht: Junge Fruchtkörper können mit ähnlichen, giftigen Schleierlingen verwechselt werden!

Merkmale Die Schleiereule ist einer unserer größten einheimischen Pilze. Der ausgebreitete Hut ist 10–25 cm breit, braunviolett bis rotbraun, schmierig und besonders zum Rand hin mit weißen, flockigen Hüllresten besetzt. Die Lamellen sind zunächst zartlila, alt dann rostbraun. Der kräftige Stiel ist 10–20 cm lang, weißlich bis blassviolett und endet in einer bauchigen Knolle.
Vorkommen Schleiereulen erscheinen von August bis Oktober bisweilen nesterweise in wärmeren Laubwäldern auf Kalkboden.
Wissenswertes Der junge, kugelige Fruchtkörper samt Basisknolle ist von einem weißen Schleier überzogen, der bald aufreißt, so dass der Pilzhut wie ein Eulenauge aus dem Boden schaut (Name!). Diese leicht erkennbare Art war früher wegen ihrer Ergiebigkeit geschätzt. Sie ist allerdings fast überall selten geworden und man sollte sie daher schonen.

Lila Dickfuß, Safranfleischiger Dickfuß
Cortinarius traganus

Tipp für unterwegs

Den Lila Dickfuß können Sie in jungem Stadium mit der essbaren Schleiereule verwechseln, die allerdings nicht widerlich riecht.

Das safranfarbene Fleisch ist unverkennbar.

Merkmale Der Lila Dickfuß ist jung fast kugelig und blauviolett. Der sich ausbreitende Hut wird 5–12 cm breit und verfärbt sich zunehmend schmutzig gelbbraun, schließlich blasst er silbrig-weißlich aus. Die Lamellen sind jung ockerbraun, später rostbraun. Der kräftige, 5–10 cm lange Stiel ist an der Basis deutlich keulig verdickt und alt vom Sporenstaub rostbraun eingefärbt.
Vorkommen Der Lila Dickfuß erscheint von Juli bis Oktober in Laub- und Nadelwäldern auf sauren, sandigen Böden.
Wissenswertes Der Pilz ist gut an seinem auffallenden, süßlichen Geruch nach Karbid oder gärenden Mostbirnen sowie dem braungelben Fleisch zu erkennen. Er verursacht Erbrechen und heftige Durchfälle. Neben der Schleiereule sieht dieser Dickfuß auch dem essbaren Reifpilz (→ S. 106) oft sehr ähnlich. Beide wachsen an ähnlichen Standorten.

In Laub- und Laubmischwald

Tipp für unterwegs

Das düstere Aussehen des Dickblättrigen Schwärztäublings verleitet wohl kaum zum Sammeln.

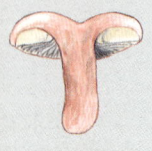

Das Fleisch rötet im Schnitt.

Dickblättriger Schwärz-Täubling
Russula nigricans

Merkmale Typisch für den Dickblättrigen Schwärztäubling sind die dicken, entfernt stehenden, brüchigen Lamellen (→ Bild) und dass der Pilz im Alter schwarz wird. Der 5–12 cm breite, oft niedergedrückte Hut sitzt auf einem 3–8 cm langen, festen Stiel. Das Fleisch rötet zunächst und wird dann schwarz.
Vorkommen Die häufig vorkommenden Pilze erscheinen von Juli bis November in Laub- und Nadelwäldern.
Wissenswertes Das Fleisch ist hart und kaum zu empfehlen. Die geschwärzten Pilze faulen kaum und stehen daher noch monatelang im Wald, oft sogar bis in den Frühsommer hinein.

Tipp für unterwegs

Typisches Merkmal: Die Lamellen sind nicht wie bei anderen Täublingen üblich brüchig, sondern elastisch und werden matschig beim Drücken.

Frauen-Täubling
Russula cyanoxantha

Merkmale Typischer Täubling mit weißem, 5–10 cm langem Stiel und weißen Lamellen. Der 6–15 cm breite Hut ist in der Mitte oft niedergedrückt und von ganz unterschiedlicher Färbung. Das Spektrum reicht von Violett und Rosa bis Grün und kann entweder rein oder in allen Mischungen dieser Farben vorkommen.
Vorkommen Frauen-Täublinge erscheinen von Juni bis Oktober in Laub- und Nadelwäldern, oft nahe Buchen.
Wissenswertes Der Frauen-Täubling ist ein wohlschmeckender, ergiebiger Speisepilz, der leider schnell von Maden befallen und von Schnecken heimgesucht wird.

Tipp für unterwegs

Der Fleischrote Speise-Täubling schätzt saure nährstoffarme Sandböden, vor allem unter Buchen oder Fichten.

Speise-Täubling
Russula vesca

Merkmale Typisch für diesen Pilz sind die rosa bis fleischfarbene Färbung und die hellen Zähnchen am Hutrand (→ Bild). Der Hut wird 6–10 cm breit und sitzt auf einem weißen, 3–8 cm langen Stiel, der sich zur Basis hin verjüngt. Auf dem Hut und am Stiel findet man oft kleine ockerliche Flecken.
Vorkommen Speise-Täublinge erscheinen von Juni bis Oktober in Laub- und Nadelwäldern.
Wissenswertes Der Speise-Täubling ist ein sehr geschätzter Speisepilz (Name!) mit angenehm nussartigem Geschmack. Die typische Hutfarbe lassen ihn leicht vom giftigen und sehr scharfen Speitäubling (→ S. 164) unterscheiden.

In Laub- und Laubmischwald

Ocker-Täubling, Zitronen-Täubling
Russula ochroleuca

Tipp für unterwegs
Vorsicht: Den giftigen Gallen-Täubling können Sie am obstartigen Geruch, seiner Schärfe und den dunkleren Lamellen unterscheiden.

Merkmale Der Ocker-Täubling ist ein mittelgroßer Pilz, der einen 4–9 cm breiten, anfangs gewölbten, bald ausgebreiteten, ockergelben Hut trägt. Die dicht stehenden, weißen Lamellen sind zunächst weiß, später gelblich weiß. Der 4–8 cm lange, weiße Stiel ist zur Basis hin leicht verdickt. Das weiße, spröde Fleisch variiert von mild bis scharf.
Vorkommen Sie finden ihn von Juli bis November in Buchen- und Fichtenwäldern.
Wissenswertes Der Ocker-Täubling ist zwar essbar, aber nicht sehr schmackhaft. In einigen östlichen Ländern ist dieser Täubling allerdings ein beliebter Speisepilz. Er ist vielerorts ein Massenpilz, der bevorzugt saure Böden besiedelt und die Kalkböden weitgehend meidet. Selbst in den pilzarmen Fichtenmonokulturen ist er oft reichlich zu finden.

Gallen-Täubling
Russula fellea

Tipp für unterwegs
Gallen-Täublinge kann man vom Ocker-Täubling auch durch die dem Hut gleich getönten, nicht kontrastierenden Lamellen unterscheiden.

Merkmale Der Gallen-Täubling trägt einen 4–6 cm breiten, stroh- bis ockergelben Hut, der zum Rand hin heller wird. Die Lamellen sind gedrängt stehend, jung creme-, später ockerfarben. Der 2–6 cm lange, relativ dicke Stiel ist zur Spitze hin erweitert und in der Stielmitte bauchig verdickt. Das Fleisch ist sehr brüchig, ausgesprochen scharf und riecht nach Apfelkompott.
Vorkommen Der Gallen-Täubling ist ein häufiger Laubwaldpilz und von Juli bis November vorwiegend unter Rotbuchen anzutreffen.
Wissenswertes Lassen Sie sich nicht vom Namen des Pilzes täuschen: Das Fleisch schmeckt roh gekostet brennend scharf. Allerdings wird er beim Kochen gallenbitter und macht dann seinem Namen alle Ehre. Wer die brennend scharfe Geschmacksprobe vermeiden will, der kann riechen: Der Gallen-Täubling riecht nach Apfelkompott, vor allem in der Stielbasis.

Der ganze Pilz ist einheitlich gefärbt.

In Laub- und Laubmischwald

Tipp für unterwegs

Der Pfeffer-Milchling ist im Sommer ein guter Anzeiger für das Pilzaufkommen. Wenn er nicht wächst, gibt es auch keine anderen Pilze.

Stiel kurz und zugespitzt

Langstieliger Pfeffer-Milchling
Lactarius piperatus

Merkmale Der 6–12 cm breite Hut des Pfeffer-Milchlings hat eine trichterförmig vertiefte Mitte und ist jung cremeweißlich, alt ockerlich gefleckt. Die sehr dicht stehenden Lamellen sind weißlich bis elfenbeinfarben. Der hutfarbene Stiel ist 3–8 cm lang und zur Basis hin oft verschmälert.
Vorkommen Der Pilz wächst von Juni bis Oktober in Laubwäldern.
Wissenswertes Der Pfeffer-Milchling ist ungenießbar scharf. Seine weiße Milch trocknet schnell ein, so dass sie bei älteren Pilzen nicht mehr wahrgenommen wird.

Tipp für unterwegs

Geheimtipp: Wo der Graugrüne Milchling vorkommt, da können Sie oftmals auch den essbaren Blassen Pfifferling finden.

Graugrüner Milchling
Lactarius blennius

Merkmale Dieser kleine Milchling trägt einen 4–7 cm breiten, grau- bis olivgrünen Hut mit konzentrisch angeordneten dunkleren Flecken, vor allem im Randbereich. Die dicht stehenden Lamellen sind bei jungen Pilzen fast weiß, bei älteren Exemplaren blass rahmgelb. Der 3–6 cm lange Stiel ist heller als der Hut.
Vorkommen Der Graugrüne Milchling ist ein Laubwaldpilz, der von Juli bis November nur unter Buchen vorkommt.
Wissenswertes Die anfangs weiße Milch trocknet nach einigen Stunden graugrün ein. Auch Druckstellen verfärben mit der Zeit graugrün. Da sein Fleisch scharf ist, eignet er sich nicht als Speisepilz.

Tipp für unterwegs

Nomen est omen: Der Eichen-Milchling wächst nur unter Eichen, vor allem auf saurem Boden.

Stielbasis dunkler

Eichen-Milchling
Lactarius quietus

Merkmale Der 3–8 cm breite Hut dieses Milchlings ist lange gewölbt, bevor er sich flach trichterförmig ausbreitet. Er ist trüb rotbraun und oft etwas gefleckt. Die dicht stehenden Lamellen sind anfangs graurötlich, später blass rötlich braun. Der 3–7 cm lange Stiel ist relativ breit und hutfarben.
Vorkommen Dieser Milchling kommt von Juli bis Oktober vor und wächst ausschließlich unter Eichen.
Wissenswertes Der Eichen-Milchling sondert reichlich cremegelbliche Milch ab, die herb bis bitterlich schmeckt. Daher ist er als Speisepilz nicht verwendbar.

In Laub- und Laubmischwald

Tipp für unterwegs

Junge Bauchpilze können mit sehr jungen eiförmigen Fruchtkörpern des Fliegenpilzes (→ S. 54) verwechselt werden.

Flaschen-Stäubling
Lycoperdon perlatum

Merkmale Der Flaschen-Stäubling ist ein kleiner, birnen- bis flaschenförmiger Pilz. Jung ist er weißlich, alt wird er mit der Zeit von innen her zunehmend olivbraun. Er ist 2–8 cm hoch und 2–5 cm breit. Seine Oberfläche ist mit 2–3 mm langen weißlichen Stacheln besetzt, die von kleinen Wärzchen umgeben sind. Im Alter fallen sie ab und lassen eine vieleckige Netzzeichnung zurück.
Vorkommen Flaschen-Stäublinge erscheinen einzeln bis gesellig von Juni bis November im Laub- und Nadelwald.
Wissenswertes Der Flaschen-Stäubling gehört zu den Bauchpilzen. Tritt man auf die reifen Fruchtkörper, die am Scheitel aufplatzen, dann wird eine auffällige braune Sporenwolke entlassen. Stäublinge sind generell essbar, allerdings nur im jungen Stadium solange ihr Fleisch noch weiß ist. Im Gegensatz zum hartfleischigen, giftigen Kartoffelbovist ist es leicht zusammendrückbar.

Tipp für unterwegs

Das geschlossene Hexenei-Stadium der Stinkmorchel kann in Scheiben geschnitten kross gebraten wie Bratkartoffeln gegessen werden.

Stinkmorchel, Leichenfinger
Phallus impudicus

Merkmale Die Stinkmorchel entwickelt sich aus einem unterirdisch heranwachsenden 3–5 cm breiten, eiförmigen, weißlichen bis schmutzig cremefarbenen Fruchtkörper, dem so genannten Hexenei. Der Kopfteil an der Spitze des bis 20 cm langen Stiels ist glockig und mit einer dunkelgrünen bis olivbraunen Schleimschicht bedeckt, die sich bald verflüssigt und vom Hut herabtropft.
Vorkommen Stinkmorcheln wachsen von Juni bis Oktober oft gesellig in Laub-, Misch- und Nadelwäldern.
Wissenswertes Mit dem aasartigen Geruch, der von der Schleimschicht des Hutes stammt, macht die Stinkmorchel schon von weitem auf sich aufmerksam. Sie lockt damit Fliegen an (→ Bild). Diese nehmen Schleim und Sporen auf und sorgen so für die Verbreitung des Pilzes. Zurück bleibt ein wabenartiger, weißer Kopfteil, der an die echten Morcheln erinnert.

Im Hexenei sind bereits Stiel und Hut erkennbar.

In Laub- und Laubmischwald

Tipp für unterwegs

Da insbesondere ältere Ziegenbärte kaum von giftigen Arten unterschieden werden können, sollten Sie Korallen besser nicht sammeln.

Goldgelbe Koralle, Ziegenbart
Ramaria aurea

Merkmale Die Goldgelbe Koralle besitzt einen 12 cm hohen und 5–12 cm breiten Fruchtkörper. Aus einem weißen, massiven Strunk wachsen korallenförmige, goldgelbe Äste, die sich nach oben mehrfach verzweigen. Das Fleisch ist fest, weißlich und oft von wässrigen Schlieren marmoriert. Mit zunehmendem Alter (→ im Bild links) verblasst der Pilz und wird einheitlich ockerfarben.

Vorkommen Der Ziegenbart erscheint von August bis Oktober in Gruppen und Ringen im Laubwald, vor allem unter Buchen.

Wissenswertes Die einzelnen Arten der Korallenpilze werden im Volksmund oft großzügig unter dem Begriff „Ziegenbärte" zusammengefasst. Da die meisten von ihnen leicht zu verwechseln sind, sollten Sie auf das Sammeln von Ziegenbärten verzichten. Die wenigen essbaren Arten besitzen mittlerweile schon Seltenheitswert und sollten daher besser geschützt werden.

Tipp für unterwegs

Die oftmals in großen Mengen in Hexenringen wachsenden Fruchtkörper bieten einen imposanten Anblick im Wald.

Blasse Koralle, Bauchweh-Koralle
Ramaria pallida

Merkmale Die Blasse Koralle besitzt einen großen graugelblichen bis milchkaffeefarbenen, stark verzweigten Fruchtkörper, der bis 20 cm hoch und breit werden kann. Die einzelnen Äste sind an den Spitzen oftmals blass fleischrosa. Der dicke Strunk ist weißlich bis blass graucreme. Im Alter und an Druckstellen sind die Fruchtkörper oft braunfleckig.

Vorkommen Diese Pilze wachsen von August bis Oktober in kalkhaltigen Laub- und Nadelwäldern.

Wissenswertes Schon der Volksname gibt einen Hinweis auf die Giftwirkung dieses Pilzes: Die Bauchweh-Koralle verursacht heftigste Bauchschmerzen, Erbrechen und Durchfall. Die Beschwerden treten eine halbe bis drei Stunden nach dem Verzehr der Pilzmahlzeit auf. Die einzelnen Arten sind schwer unterscheidbar, verzichten Sie daher am besten auf alle Korallenpilze.

In Laub- und Laubmischwald

Spitz-Morchel
Morchella elata (M. conica)

Tipp für unterwegs

Auf Böden mit frischem Rindenmulch erscheinen Spitz-Morcheln oft zu Hunderten, allerdings nur für 1–2 Jahre.

Merkmale Typisch für diese Art sind die spitzkegelige bis walzenförmige Form des Hutes und die mehr oder weniger parallel verlaufenden Längsrippen. Der Hut ist 3–10 cm hoch, 1,5–4 cm breit und grau- bis olivbraun. Der Stiel ist 3–6 cm lang, grubig runzelig und weißlich bis hellbräunlich gefärbt.

Vorkommen Die Spitz-Morchel erscheint von Februar bis Mai in Nadelwäldern, an Wegrändern und häufig auch auf Holzlagerplätzen.

Wissenswertes Morcheln sind an ihrem typischen wabenartig gekammerten Hut gut zu erkennen, im Falllaub aber nur schlecht auszumachen. Da der Pilz innen hohl ist, muss er zum Putzen halbiert werden, um Insekten und Sand entfernen zu können. Das etwas knorpelige Pilzfleisch ist sehr wohlschmeckend und eignet sich gut zum Trocknen.

Speise-Morchel, Rund-Morchel
Morchella esculenta (M. vulgaris)

Tipp für unterwegs

Speise-Morcheln bevorzugen Flussauen mit Eschen. Da sie standorttreu sind, wird jeder Pilzsammler seine Fundorte geheim halten.

Merkmale Die Speise-Morchel hat einen rundlich eiförmigen, oftmals stumpf-kegeligen, hell- bis gelblich braunen Hut, der 4–12 cm hoch und 3–8 cm breit ist. Seine Konsistenz ist zunächst wachsartig, alt eher etwas elastisch. Er sitzt auf einem weißlich bis blassgelben, 3–9 cm langen, knorpeligen, unebenen Stiel, der vor allem im Alter mit feinen Pusteln besetzt ist. Hut und Stiel sind hohl.

Vorkommen Speise-Morcheln erscheinen von April bis Mai auf Kalkboden, in Laub- und Auwäldern sowie in Hecken.

Wissenswertes Manche Menschen reagieren empfindlich auf diesen schmackhaften Pilz. Er sollte daher zunächst nur in kleinen Mengen und gut durchgegart gegessen werden, um ihn auf die individuelle Verträglichkeit zu testen. Morcheln lassen sich sehr gut trocknen. Die getrockneten Pilze verlieren auch nach längerer Lagerung nichts von ihrem aromatischen Geschmack.

Die Fruchtkörper sind innen hohl.

In Laub- und Laubmischwald

Tipp für unterwegs

Wegen seiner hellen Färbung ist der Pilz vor allem zwischen dem Falllaub von Rotbuchen gut zu erkennen.

Der Stiel ist rippig hohl.

Herbst-Lorchel
Helvella crispa

Merkmale Die Herbst-Lorchel ist ein ungewöhnlich aussehender, zerbrechlicher Pilz. Der gesamte Fruchtkörper kann bis zu 15 cm hoch werden. Der weißliche, hellgelbliche oder hellbräunliche Hut ist sattelförmig oder unregelmäßig zwei- bis dreilappig. Die Lappen sind am Rand aufgebogen. Der weißliche Stiel ist 3–8 cm lang, tief längsrippig gefurcht, gekammert und hohl.

Vorkommen Herbst-Lorcheln erscheinen von August bis November meistens gesellig an Wegrändern in Laub- und Mischwäldern.

Wissenswertes In rohem Zustand ist die Herbst-Lorchel auf jeden Fall giftig, gut gekocht kann sie aber gegessen werden. Ihr relativ geschmackarmes Fleisch ist knorpelig, was vielen Personen nicht sehr zusagt. Manche schätzen aber gerade diese bissfeste Konsistenz und verwenden die Herbst-Lorchel gerne, vor allem in asiatischen Gerichten.

Tipp für unterwegs

Wegen ihrer dunklen Färbung ist die Gruben-Lorchel längst nicht so auffällig wie die Herbst-Lorchel und daher leicht zu übersehen.

Gruben-Lorchel
Helvella lacunosa

Merkmale Die Gruben-Lorchel könnte als dunkle Ausgabe der Herbst-Lorchel angesehen werden. Der grau- oder braunschwarze, manchmal nur rauchgraue Hut ist 2–7 cm hoch, beulig zipfelig und besteht meist aus 2–3 gewundenen oder verbogenen Lappen, deren Ränder am Stiel angewachsen sind. Der graubraune Stiel ist 2–7 cm lang, tief längs gefurcht und rillig. Er ist mehr oder weniger hohl.

Vorkommen Die Gruben-Lorchel wächst von Juli bis Oktober gerne gesellig an Wegrändern in Laub- und Nadelwäldern.

Wissenswertes Die giftverdächtigen Substanzen dieses Pilzes werden zwar bei längerem Kochen vernichtet, trotzdem sollten zumindest empfindliche Personen auf den Verzehr von Lorcheln verzichten. Das düstere Aussehen der Gruben-Lorchel wird aber sowieso viele Pilzfreunde vom Sammeln abhalten. Im Frühsommer kann man oft eine nur 1–2 cm hohe Zwergform finden.

In Laub- und Laubmischwald

Gemeiner Morchelbecherling
Disciotis venosa

Tipp für unterwegs
Der Gemeine Morchelbecherling unterscheidet sich vom zeitgleich erscheinenden giftigen Violetten Kronenbecherling durch Farbe und Geruch.

Merkmale Der 3–15 cm breite Fruchtkörper des Gemeinen Morchelbecherlings ist zunächst halbkugelig, bald aber schüsselförmig ausgebreitet. Die gelb-, grau- oder dunkelbraune Innenseite ist zur Mitte hin radial mit Falten und Runzeln überzogen. Die Außenseite ist heller und jung etwas gepustelt. Das weißliche Fleisch ist wachsartig, dünn und riecht deutlich nach Chlor.
Vorkommen Der Gemeine Morchelbecherling ist ein Frühjahrspilz, der von März bis Mai in Bachschluchten und Auwäldern anzutreffen ist.
Wissenswertes Der Gemeine Morchelbecherling ist ein ausgezeichneter, an Form und Geruch leicht kenntlicher Speisepilz. Sie sollten ihn allerdings gut kochen, dabei verliert sich auch der Chlorgeruch. Er kann als guter Anzeiger für Speise-Morcheln angesehen werden, da die beiden Arten oft den Standort teilen, wobei der Morchelbecherling 1–2 Wochen früher erscheint.

Violetter Kronenbecherling
Sarcosphaera coronaria (S. crassa)

Tipp für unterwegs
Der Violette Kronenbecherling ist die größte mitteleuropäische Becherlings-Art und daher leicht zu erkennen.

Merkmale Der Fruchtkörper des Violetten Kronenbecherlings wächst als geschlossene Kugel im Boden heran. Mit zunehmendem Alter ragt er aus dem Boden heraus und reißt dann am Scheitel sternförmig auf. Die entstehenden Lappen biegen sich dabei nach außen. Die Innenseite ist violett bis braunviolett, verblasst jedoch mit zunehmendem Alter. Die Außenseite ist schmutzig weißlich.
Vorkommen Der Violette Kronenbecherling wächst von Mai bis Juni in Laub- und Nadelwäldern, wo er oft nesterweise vorkommt.
Wissenswertes Der Kronenbecherling ist sowohl roh, als auch gut gekocht giftig und ruft Nierenschäden hervor. Er bevorzugt Kalk- und Mergelböden in lichten Wäldern, kommt aber auch in Parkanlagen oder auf Heiden vor, vor allem in warmen Lagen unter Kiefern. In höheren Lagen findet man ihn zuweilen auch in Buchen- oder Fichtenwäldern. Selten kommen reinweiße Albinos vor.

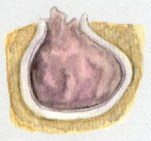

Junge Fruchtkörper entwickeln sich unterirdisch.

Im Nadelwald

Da durch die immergrünen Nadelbäume nur wenig Licht an den Waldboden gelangt, ist ein Nadelwald weniger mit Pflanzen besiedelt als ein Laubwald. Hier, zwischen dicken Moosteppichen, wachsen so begehrte Pilze wie Steinpilz, Maronen-Röhrling oder Edel-Reizker – ein Eldorado für jeden Pilzsammler.

Im Nadelwald

Tipp für unterwegs

Das Typische dieses Röhrlings ist der hohle Stiel (→ Bild), der dem Pilz auch seinen Namen gab.

Stiel geklammert-hohl

Hohlfuß-Röhrling
Boletinus cavipes

Merkmale Der gelb- bis rostbraune, filzig schuppige Hut des Hohlfuß-Röhrlings ist 4–10 cm breit, anfangs stumpfkegelig, dann abgeflacht mit leicht eingedrückter Mitte und oft gebuckelt. Junge Poren sind gelb, alte grüngelb. Der zylindrische Stiel ist 5–8 cm lang und mit faserigen Schüppchen besetzt.

Vorkommen Der Pilz erscheint von Juli bis Oktober unter Lärchen, vor allem in höheren Lagen.

Wissenswertes Auffallend für die Art sind die großen, lang gestreckten Poren. Sie erinnern etwas an stark quer verbundene Lamellen und sind ein Hinweis darauf, dass manche Röhrlinge und Lamellenpilze eng miteinander verwandt sind.

Tipp für unterwegs

Wenn Sie Gold-Röhrlinge finden wollen, dann müssen Sie nach Lärchen – den Partnerbäumen dieses Röhrlings – Ausschau halten.

Gold-Röhrling
Suillus grevillei

Merkmale Der Gold-Röhrling ist an seinem goldgelben bis orangebraunen, schmierigen, 5–15 cm breiten Hut leicht zu erkennen. Poren und Röhren sind erst hell-, später bräunlich gelb. Der kräftige, gelbe Stiel ist 4–12 cm lang und trägt im oberen Teil eine schleimige Ringzone, die mit dem Alter verschwindet.

Vorkommen Der Gold-Röhrling erscheint von Juni bis Oktober stets unter Lärchen.

Wissenswertes Das gelbe Fleisch verfärbt sich im Anschnitt langsam rosaviolettlich, blaut aber nicht.

Tipp für unterwegs

Sie könnten ganz junge Graue Lärchen-Röhrlinge mit Gold-Röhrlingen verwechseln. Beide Arten sind essbar.

Röhren von grauem Velum bedeckt

Grauer Lärchen-Röhrling
Suillus viscidus (S. aeruginascens)

Merkmale Der Graue Lärchenröhrling hat einen 4–10 cm breiten, graugrünlichen bis graubraunen Hut. Röhren und Poren sind erst grauweiß, dann graubraun. Der zylindrische, hutfarbene Stiel ist 4–10 cm lang und trägt im oberen Teil einen weißlichen Ring, der mit zunehmendem Alter verschwindet.

Vorkommen Dieser Röhrling erscheint von Juli bis Oktober einzeln bis gesellig unter Lärchen.

Wissenswertes Typisch sind die grauen bis graubräunlichen Farbtöne und der Partnerbaum, die Lärche. Von den anderen Lärchen-Röhrlingen unterscheidet er sich neben der Farbe auch durch die größeren Poren.

Im Nadelwald

Tipp für unterwegs

Kuh- und Sand-Röhrlinge finden Sie ausschließlich unter Kiefern auf sauren Böden! Beide Arten sehen sich sehr ähnlich.

Kuh-Röhrling
Suillus bovinus

Merkmale Dieser Röhrling hat einen 4–8 cm breiten Hut mit klebriger Oberfläche, die gelb-, orange- oder rötlich braun gefärbt ist. Röhren und Poren sind grau- bis olivgelb. Der 2–6 cm lange, ockerfarbene bis gelbliche Stiel ist zäh, ohne Ring und zur Basis hin oft braunrötlich gefärbt.
Vorkommen Kuh-Röhrlinge erscheinen von Juli bis November meist gesellig unter Kiefern.
Wissenswertes Der ähnliche Sand-Röhrling hat dichter stehende Poren und schwach blauendes Fleisch. Nicht erschrecken: Beim Erhitzen wird der Kuh-Röhrling rosa-violett, was bei eingelegten Pilzen für interessante Farbtupfer sorgt.

Tipp für unterwegs

Sammeln Sie nur junge Exemplare, und köcheln Sie sie lange. So schmecken sie am besten.

Das Fleisch blaut langsam.

Sand-Röhrling
Suillus variegatus

Merkmale Der Sand-Röhrling trägt einen 6–15 cm breiten, braun- bis ockergelben Hut, der mit an Sandkörner erinnernde Schüppchen bedeckt ist (Name!). Die olivlichen Röhren blauen schwach. Der gelbbraune, ringlose Stiel ist 5–10 cm lang und feinfilzig überzogen. Das Fleisch ist ockergelb und blaut im Schnitt schwach.
Vorkommen Der Sand-Röhrling erscheint von Juli bis November oftmals in großer Anzahl in Kiefernwäldern.
Wissenswertes Auch bei Feuchtigkeit ist die Huthaut nicht schmierig.

Tipp für unterwegs

Achten Sie auf die Guttationströpfchen im oberen Stielteil, angetrocknet bilden sie körnchenartige Erhebungen.

Körnchen-Röhrling, Schmerling
Suillus granulatus

Merkmale Der 4–10 cm breite Hut des Körnchen-Röhrlings ist gelb- bis rotbraun und feucht stark schmierig. Die blassgelben Poren scheiden frisch milchige Wassertröpfchen ab (→ Bild). Der weißlich gelbe, ringlose Stiel ist 4–10 cm lang. Das gelbe Fleisch verfärbt im Schnitt nicht.
Vorkommen Körnchen-Röhrlinge erscheinen von Juni bis Oktober in Kiefernwäldern.
Wissenswertes Der Pilz ist essbar, hat aber bisweilen eine leicht abführende Wirkung. Die schleimige Huthaut sollte unbedingt abgezogen werden, da sie oft schlecht vertragen wird. Am besten tut man dies bereits im Wald.

Im Nadelwald

Butterpilz, Butter-Röhrling
Suillus luteus

Merkmale Auch der Butterpilz gehört zu den Schmierröhrlingen. Sein 5–12 cm breiter Hut ist gelb- bis schokoladenbraun und feucht schleimig. Jung ist der Hutrand mit dem Stiel durch einen häutigen Schleier verbunden (→ Bild). Die Röhren sind zitronengelb, bei älteren Pilzen olivgelb. Der weißliche Stiel ist 3–6 cm lang und bräunlich beringt. Das zarte Fleisch (Name!) hellgelb.
Vorkommen Der Butterpilz kommt von Juni bis November vor. Er wächst nur unter Wald-, Schwarz- und Berg-Kiefern.
Wissenswertes Wie bei allen Schmierröhrlingen ist es wichtig, die Huthaut vor der Zubereitung abzuziehen. Auch dann wird er nicht von allen Personen gut vertragen. Im Allgemeinen gilt der Butterpilz aber als geschätzter, gesuchter Speisepilz, der in den Gegenden mit Kiefernwäldern gern gesammelt wird. Aufgrund des weichen Fleisches sollten Sie ihn schnell verarbeiten.

> **Tipp für unterwegs**
>
> Vom ähnlichen Körnchen-Röhrling (→ S. 84) können Sie den Butterpilz anhand des Stielrings unterscheiden.

Das gelbliche Fleisch verändert sich nicht.

Maronen-Röhrling
Xerocomus badius

Merkmale Der Maronen-Röhrling trägt einen 3–12 cm breiten, schokoladen- bis dunkelbraunen Hut. Die blassgelblichen bis gelbgrünen Poren verfärben sich auf Druck rasch blaugrün. Der 5–10 cm lange, meist zylindrische Stiel ist auf hellerem Grund bräunlich längs gefasert und ohne Netz. Er ist an der Basis heller. Das weißliche bis blassgelbe Fleisch ist im Schnitt etwas blauend.
Vorkommen Maronen-Röhrlinge kommen von Juni bis November hauptsächlich in Nadelwäldern auf sauren Böden vor.
Wissenswertes Seit Tschernobyl zeigt der Maronen-Röhrling bis heute in vielen Regionen noch sehr hohe radioaktive Werte. Erkundigen Sie sich deshalb bei Ihren örtlichen Pilzberatungsstellen nach den für Ihr Gebiet gemessenen Werten. Davon abgesehen ist er der nach dem Steinpilz wohl bekannteste Speisepilz, der den Vorteil hat, sehr häufig zu sein.

> **Tipp für unterwegs**
>
> Den Maronen-Röhrling erkennen Sie am samtig braunen Hut, dem braunfaserigen Stiel und dem Blauen der Poren.

Im Nadelwald

Fichten-Steinpilz, Steinpilz, Herrenpilz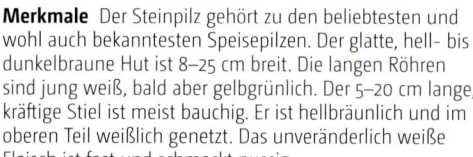
Boletus edulis

Tipp für unterwegs

Steinpilz oder bitterer Gallenröhrling? Das ist vom Aussehen her oft schwer zu unterscheiden. Hier hilft eine Geschmacksprobe.

Merkmale Der Steinpilz gehört zu den beliebtesten und wohl auch bekanntesten Speisepilzen. Der glatte, hell- bis dunkelbraune Hut ist 8–25 cm breit. Die langen Röhren sind jung weiß, bald aber gelbgrünlich. Der 5–20 cm lange, kräftige Stiel ist meist bauchig. Er ist hellbräunlich und im oberen Teil weißlich genetzt. Das unveränderlich weiße Fleisch ist fest und schmeckt nussig.

Vorkommen Steinpilze erscheinen von Juni bis November in Nadel- und Laubwäldern unter Fichten, Buchen oder Birken.

Wissenswertes In manchen Jahren kann der Fichten-Steinpilz in jungen Fichtenschonungen massenhaft auftreten, im Folgejahr sucht man ihn vergebens. Jahre darauf tritt er wieder in Mengen auf – ein bisher noch ungeklärtes Phänomen. Er gehört zu den Arten, die gesetzlichen Schutz genießen und nur in geringer Menge für den Eigenbedarf gesammelt werden dürfen.

Gallenröhrling
Tylopilus felleus

Tipp für unterwegs

Zum Erkennen von Gallenröhrlingen hilft eine Geschmacksprobe – die lässt keinen Zweifel offen.

Merkmale Der Gallenröhrling hat einen 5–20 cm breiten, hell- bis dunkelbraunen Hut mit leicht gewelltem Rand. Die Röhrenschicht ist leicht ablösbar, weißlich bis blass rosafarben und an Druckstellen schmutzig bräunlich verfärbend. Der Stiel ist 5–15 cm lang und 2–5 cm dick, leicht bauchig, etwas heller in der Färbung als der Hut und trägt eine ausgeprägte dunkle Netzzeichnung.

Vorkommen Gallenröhrlinge kommen von Juni bis Oktober hauptsächlich in Nadelwäldern auf sauren Böden vor.

Wissenswertes Gallenröhrlinge sind gallebitter (Name!) und daher ungenießbar. Schon ein einziger in ein Pilzgericht geratener Pilz macht das ganze Essen ungenießbar. Giftstoffe enthält er aber keine, und so trifft man gelegentlich Pilzsammler, die keine Bitterstoffe schmecken und daher den Gallenröhrling unerkannt als Steinpilz sammeln und verzehren.

Rosa Röhren gibt es nur beim Gallenröhrling.

Im Nadelwald

Tipp für unterwegs

Ziehen Sie auf alle Fälle gleich die schleimige Huthaut ab, sonst klebt das Sammelgut im Korb mit Nadeln und Erde zusammen.

Großer Gelbfuß, Kuhmaul
Gomphidius glutinosus

Merkmale Der 5–8 cm breite, violettgraubraune Hut des Großen Gelbfuß ist jung stark, alt schwach gewölbt. Hut und Lamellen sind anfangs von einer schleimig glasigen Haut überzogen. Die weichen, herablaufenden Lamellen sind jung weißlich, später aschgrau bis schwärzlich. Der 5–8 cm lange, stark schleimige, weiße Stiel ist an der Basis intensiv gelb. Der ganze Pilz schwärzt im Alter.
Vorkommen Der Große Gelbfuß kommt stets unter Fichten vor und kann von Juli bis Oktober im Nadelwald angetroffen werden.
Wissenswertes Das Kuhmaul bekam seinen Namen sehr treffend wegen seiner rundum schleimigen Beschaffenheit und der Hutfarbe, die zusammen an die Lippen einer Kuh erinnern. Die lebhaft gelbe Färbung innen und außen an der Stielbasis führte zum Namen Großer Gelbfuß. Sie ist ein wichtiges Merkmal, an dem man diese Art zweifelsfrei erkennen kann.

Die chromgelbe Stielbasis macht ihn unverwechselbar.

Tipp für unterwegs

Weil er noch sehr spät im Jahr erscheint, ist der Frost-Schneckling bei Pilzsammlern recht beliebt.

Frost-Schneckling
Hygrophorus hypothejus

Merkmale Der Frost-Schneckling hat einen 2–4 cm breiten, abgeflachten bis vertieften Hut mit kleinem Buckel. Die gelbbraune bis braunolive Oberfläche ist feucht stark schleimig. Die Lamellen stehen weit auseinander und sind jung hellocker, alt orangegelb. Der schlanke, gelbliche Stiel ist 4–7 cm lang, schmierig schleimig und trägt eine vergängliche weißliche ringartige Zone.
Vorkommen Den Frost-Schneckling trifft man vom Spätherbst bis nach den ersten Frösten in Kiefernwäldern auf Sandböden an.
Wissenswertes Wegen seiner ausgeprägten Färbung, der späten Erscheinungszeit und dem ausschließlichen Vorkommen unter Kiefern auf nährstoffarmen, sauren Sandböden ist der Pilz nahezu unverwechselbar. Obwohl er eher dünnfleischig und sein Geschmack etwas fade ist, wird der Frost-Schneckling gerne gesammelt, zumal er mancherorts in großen Mengen auftreten kann.

Im Nadelwald

Lärchen-Schneckling
Hygrophorus lucorum

Tipp für unterwegs
Der schmierige, zitronengelbe Hut und sein Vorkommen unter Lärchen machen den Pilz gut erkennbar.

Merkmale Der Lärchen-Schneckling hat einen 2–6 cm breiten Hut, der zitronengelb gefärbt ist, zur Mitte hin dunkler wird und später ausblasst. Die Lamellen sind erst weißlich, später gelblich. Der 4–7 cm lange Stiel ist schlank, längsfaserig und blassgelb. Das Fleisch ist ebenfalls blassgelb.
Vorkommen Der Lärchen-Schneckling erscheint von September bis November stets unter Lärchen.
Wissenswertes Wie alle nicht bitter schmeckenden Schnecklinge ist er ein guter Speisepilz. Er ist aber wenig bekannt und darf nicht mit ähnlichen Trichterlingen verwechselt werden! Daher sollten weniger geübte Sammler ihn stehen lassen.

Wohlriechender Schneckling
Hygrophorus agathosmus

Tipp für unterwegs
Um ähnliche Schnecklinge zu unterscheiden, müssen Sie Ihre Nase einsetzen: Nur der Wohlriechende Schneckling riecht nach Marzipan.

Merkmale Der Wohlriechende Schneckling trägt einen 4–8 cm breiten, hell- bis dunkelgrauen, gewölbten bis abgeflachten Hut, der feucht schmierig ist. Die dicken, entfernt stehenden Lamellen sind jung weißlich, später blassgraulich. Der weißliche Stiel ist 5–8 cm lang und oben mit weißen Flöckchen besetzt.
Vorkommen Der Wohlriechende Schneckling wächst von August bis November in moosigen Berg-Nadelwäldern.
Wissenswertes Der aromatische Geruch nach Marzipan ist ein untrügliches Kennzeichen. Er ist zwar essbar, allerdings schmeckt er nicht so lecker wie er riecht. Daher sollte man ihn nur ins Mischgericht nehmen.

Schwarzpunktierter Schneckling
Hygrophorus pustulatus

Tipp für unterwegs
Den Schwarzpunktierten Schneckling finden Sie vor allem in Bergwäldern unter Fichten zwischen Moosen.

Merkmale Das Merkmal dieses Schnecklings: Der weiße, 4–8 cm lange Stiel ist mit schwarzbraunen Pusteln besetzt. Der 1–4 cm breite Hut ist abgeflacht, leicht gebuckelt und von graubrauner Färbung mit dunklerer Mitte. Die Lamellen sind dick, weiß und leicht am Stiel herablaufend.
Vorkommen Dieser Schneckling erscheint von September bis November in Nadelwäldern.
Wissenswertes Die graue Färbung ist für die meist lebhaft gefärbten Schnecklinge eher ungewöhnlich. Trotz seiner geringen Größe lohnt das Sammeln bisweilen, da er an seinem Standort in großen Mengen auftreten kann.

Im Nadelwald

Wasserfleckiger Rötelritterling
Lepista gilva (L. flaccida f. gilva)

Tipp für unterwegs
Da der Pilz mit giftigen Trichterlingen verwechselt werden könnte, sollten nur geübte Pilzfreunde ihn sammeln.

Merkmale Dieser Rötelritterling hat einen 3–8 cm breiten, hell ockergelben Hut. Er ist zunächst gewölbt und am Rand eingerollt, später etwas niedergedrückt. Er trägt konzentrisch angeordnete Wasserflecken (Name!). Die gelblichen, dünnen Lamellen stehen dicht beieinander. Der 2–7 cm lange Stiel ist hutfarben und an der Basis weißfilzig mit Substrat verbunden (→ Bild).
Vorkommen Der Wasserfleckige Rötelritterling wächst von August bis Oktober in Reihen oder Ringen im Nadelwald.
Wissenswertes Blass ockerfarbene Exemplare des Fuchsigen Rötelritterlings (→ S. 33) sind sehr ähnlich. Viele Fachleute zweifeln sogar daran, dass es sich um verschiedene Arten handelt und halten den Wasserfleckigen Rötelritterling für eine Kälteform des Fuchsigen. Da beide Arten essbar sind, spielt dies für den Pilzsammler keine Rolle.

Bleiweißer Firnistrichterling
Clitocybe phyllophila (C. cerrusata)

Tipp für unterwegs
Unerfahrene Pilzsammler sollten sicherheitshalber Lamellenpilze mit weißen Hüten stehen lassen.

Merkmale Der Bleiweiße Firnistrichterling ist einer der zahlreichen mittelgroßen weißen Giftpilze. Der flach gewölbte, bisweilen leicht gebuckelte Hut ist 3–8 cm breit und am Rand eingebogen. Er ist jung firnisartig bereift, alt oft in konzentrischen Zonen aufgesprungen. Die dicht stehenden Lamellen sind zunächst weißlich, aber bald cremefarben. Der 3–6 cm lange Stiel ist weiß.
Vorkommen Der Bleiweiße Firnistrichterling wächst gesellig von August bis Dezember in Laub- oder Nadelwäldern.
Wissenswertes Dieser giftige Pilz enthält wie die Risspilze große Mengen an Muscarin. Vergiftungserscheinungen, die das Nervensystem betreffen und oft zu Sehstörungen führen, treten bis zu vier Stunden nach dem Verzehr auf. Wenn er auch hauptsächlich im Spätherbst vorkommt, so kann er in milden Wintern noch bis ins neue Jahr hinein gefunden werden.

Die breit angewachsenen Lamellen kennzeichnen ihn.

Im Nadelwald

Tipp für unterwegs

Mit seinen leuchtenden gelben und purvioletten Farben können Sie diesen Pilz praktisch nicht verwechseln.

Purpurfilziger Holzritterling
Tricholomopsis rutilans

Merkmale Der Purpurfilzige Holzritterling ist ein auffälliger Pilz mit rötlich violettem Hut und lebhaft gelben Lamellen (→ Bild). Der Hut ist 5–15 cm breit, jung gewölbt, später ausgebreitet. Jung ist die Oberfläche fein purpurfilzig, dann bricht sie schuppig auf, und die gelbe Grundfarbe wird sichtbar. Der zylindrische Stiel ist 5–12 cm lang und auf gelbem Grund rötlich flockig.

Vorkommen Der Purpurfilzige Holzritterling erscheint von Juni bis November an Wurzeln und morschen Stümpfen von Nadelhölzern.

Wissenswertes Zu den Holzritterlingen zählen drei saprophytisch auf Holz wachsende Arten, die sich von totem organischem Material ernähren. Eben diese Lebensweise unterscheidet sie von den echten Ritterlingen, die alle erdbewohnend in Lebensgemeinschaft mit Bäumen leben. Alle Holzritterlinge sind zwar nicht giftig, aber von so dumpfem Geschmack, dass man sie eigentlich als ungenießbar bezeichnen muss.

Auch durchgeschnitten zeigt der Pilz ein lebhaftes Gelb.

Tipp für unterwegs

In vielen Gegenden ist dieser Ritterling selten. Sein Vorkommen ist ein Hinweis, dass im Gebiet noch weitere Seltenheiten zu erwarten sind.

Orangeroter Ritterling
Tricholoma aurantium

Merkmale Der Orangerote Ritterling fällt durch seine lebhaft orangerote Hutfarbe auf. Der 5–12 cm breite Hut ist ausgebreitet bis flach und oft gebuckelt. Der Hutrand ist lange eingerollt. Die Lamellen sind weiß, später rotbraun fleckend. Der zylindrische, helle Stiel ist 5–8 cm lang und mit einer dichten, orangeroten Gürtelung versehen, jedoch oben scharf abgegrenzt weiß.

Vorkommen Orangerote Ritterlinge erscheinen von August bis November im Nadel-, gelegentlich auch im Laubwald.

Wissenswertes Hutrand und Stielspitze sind im Wachstum oft mit orange- bis bernsteinfarbenen Tröpfchen besetzt (→ Bild). Ältere Exemplare tendieren dazu, olivgrüne Strähnen im Hut zu bekommen. Durchgeschnitten riecht der Orangerote Ritterling auffallend nach frischen Gurkenschalen. Da sein Geschmack bitter ist, kommt er als Speisepilz nicht infrage.

Im Nadelwald

Tipp für unterwegs

Vorsicht: Erd-Ritterlinge können mit jungen, dunkel gefärbten Brennendscharfen Ritterlingen verwechselt werden!

Erd-Ritterling
Tricholoma terreum

Merkmale Der Erd-Ritterling gehört zu einer Gruppe ähnlicher, grauhütiger Ritterlinge. Sein maus- bis dunkelgrauer, radial gefaserter Hut ist 3–8 cm breit, anfangs glockig, dann ausgebreitet mit stumpfem Buckel. Die grau-weißlichen Lamellen stehen ziemlich eng beieinander. Der zylindrische Stiel ist 3–8 cm lang und weißlich. Das weißliche Fleisch ist zerbrechlich und geruchlos.

Vorkommen Erd-Ritterlinge erscheinen von September bis November in Kiefernwäldern auf sandigen Böden.

Wissenswertes Bei milder Witterung erscheint der Erd-Ritterling oft noch nach den ersten Frösten massenhaft und liefert dem Pilzsammler ergiebige Ausbeuten. Vorsicht aber vor Pilzen, die bereits gefroren waren. Diese werden braun und lasch und dürfen nicht mehr gegessen werden! Sammeln Sie nur junge Pilze, ältere sind sehr brüchig und auch nicht mehr schmackhaft.

Tipp für unterwegs

Eine kleine Kostprobe (ausspucken!) zeigt es gleich: Schon wegen des scharfen Geschmacks ist der Pilz nicht essbar.

Der konisch-glockige Hut ist arttypisch.

Brennendscharfer Ritterling
Tricholoma virgatum

Merkmale Der Brennendscharfe Ritterling hat einen 3–5 cm breiten, jung spitzkegeligen, später ausgebreiteten Hut mit spitzem Buckel. Die Oberfläche ist auf aschgrauem bis metallisch grauem Grund dunkel radialfaserig. Die Lamellen sind grau. Der 5–8 cm lange Stiel ist zylindrisch bis schwach verdickt, weiß bis aschgrau und faserig. Das ansonsten weiße Fleisch ist unter der Huthaut grau.

Vorkommen Brennendscharfe Ritterlinge erscheinen von Sommer bis Herbst in Nadelwäldern an bodensauren Standorten.

Wissenswertes Dieser Ritterling ist nicht nur brennend scharf im Geschmack (Name!), er ist auch giftig und verursacht Übelkeit, Erbrechen und Magen-Darm-Erkrankungen. Hin und wieder kann dieser Nadelwaldpilz auch unter Laubbäumen angetroffen werden, vor allem in Bergmischwäldern. Der metallische Glanz des Hutes ist ein gutes Erkennungsmerkmal.

Im Nadelwald

Dunkler Hallimasch
Armillaria ostoyae

Tipp für unterwegs

Der Dunkle Hallimasch wächst meist in mehr oder weniger großen Büscheln an nicht zu morschen Fichtenstubben.

Merkmale Der Dunkle Hallimasch ist durch seine Büscheligkeit ein auffälliger Pilz. Junge Hüte sind halbkugelig, ältere gewölbt bis ausgebreitet und können bis zu 10 cm, manchmal sogar bis 15 cm breit werden. Die fleischbraune Oberfläche ist mit dunkleren Schüppchen bedeckt. Die Lamellen sind cremefarben, im Alter bräunlich. Der Stiel ist bis 15 cm lang und 2–3 cm breit. Er trägt im oberen Teil einen bräunlich beschuppten Ring.
Vorkommen Der Dunkle Hallimasch erscheint von August bis November an lebendem und abgestorbenem Nadel-, selten auch Laubholz.
Wissenswertes Der Pilz ist ein gefürchteter Holzschädling, da er auch gesunde Bäume besiedelt und deren Holz zerstört. Seine dichten Büschel sind im Nadelwald sehr auffällig und bei Reife von großen Mengen weißem Sporenpulver umgeben. Rohe Pilze sind magen-darm-giftig, aber gut gegart sind v. a. junge Pilze geschätzte Speisepilze.

Fichtenzapfen-Nagelschwamm
Strobilurus esculentus

Tipp für unterwegs

Der zarte Pilz kann in großen Mengen auftreten, so dass sich das Sammeln der Hüte für ein kleines Gericht lohnt.

Merkmale Der Fichtenzapfen-Nagelschwamm ist ein kleiner, aber meist in Mengen vorkommender Pilz. Sein hell- bis dunkelbrauner Hut ist 1–4 cm breit, jung gewölbt, später ausgebreitet. Die Lamellen sind weißlich bis blassgrau. Der dünne, zähe Stiel ist 2–8 cm lang, oben weißlich, nach unten zu gelb bis rostbraun und endet in einer langen, faserigen Wurzel.
Vorkommen Der Fichtenzapfen-Nagelschwamm erscheint von November bis März auf vergrabenen Fichtenzapfen.
Wissenswertes Der ähnliche, aber bittere Kiefernzapfen-Nagelschwamm *(S. tenacellus)* wächst ausschließlich auf Kiefernzapfen. Er ist etwas kleiner, sieht ansonsten aber nahezu gleich aus. Da er unangenehm schmeckt, kann er nicht zum Essen verwendet werden. Er ist aber aufgrund des in ihm enthaltenen Strobilurin in der Medizin wichtig.

Die Form des Pilzes erinnert an einen Nagel.

Im Nadelwald

Safran-Riesenschirmpilz
Chlorophyllum olivieri (Macrolepiota rachodes)

Tipp für unterwegs

Diese Art unterscheidet sich von anderen Riesenschirmlingen durch sein im Schnitt orangefarben verfärbendes Fleisch.

Merkmale Der Safran-Riesenschirmling ist ein auffälliger Lamellenpilz mit geschupptem Hut. Der 7–15 cm breite Hut ist zunächst eiförmig, dann halbkugelig und schließlich flach ausgebreitet. Die Hutoberfläche ist graubraun und dicht geschuppt. Die Lamellen sind cremeweiß. Der knollig verdickte Stiel ist 9–15 cm lang und weißlich bis bräunlich. Er trägt einen verschiebbaren Ring.
Vorkommen Die Pilze erscheinen von Juli bis November in Gruppen im Nadel-, seltener im Laubwald.
Wissenswertes Sammeln und essen Sie nur die Hüte, die Stiele sind zäh. Es ist darauf zu achten, dass nur die Exemplare aus Wäldern mit dichten Hutschuppen gesammelt werden. Die Fruchtkörper, die aus Gärten oder von Komposthäufen stammen, sind unbedingt zu meiden, da sie giftverdächtig sind. Man erkennt die giftigen Arten auch an den Hüten mit nur wenigen, groben Hutschuppen.

Das Fleisch verfärbt sich im Anschnitt orange-rot.

Jungfern-Riesenschirmling
Leucoagaricus nympharum

Tipp für unterwegs

Den Jungfern-Riesenschirmling finden Sie insbesondere an moosigen Stellen in Berg-Nadelwäldern.

Merkmale Sein Hut wird nur 6–10 cm breit. Er ist auf weißem Grund mit mehr oder weniger konzentrisch angeordneten weißlichen Schuppen besetzt. Die Mitte ist glatt und hell graubraun. Die Lamellen sind erst weiß, später blass gelbbräunlich. Der 7–12 cm lange Stiel ist zunächst weiß, dann ledergelblich. Er trägt im oberen Teil einen Ring und ist an der Basis knollig verdickt.
Vorkommen Dieser Pilz der sauren Fichtenwälder erscheint vom August bis Oktober.
Wissenswertes Beim Jungfern-Riesenschirmling sind die Lamellen – wie bei allen Riesen-Schirmpilzen – frei, das heißt, nicht am Stiel angewachsen. Das Fleisch verfärbt sich im Schnitt nicht. Er ist nicht ganz so groß wie die anderen Arten dieser Gattung. Er sollte nicht als Speisepilz betrachtet werden und ist schon wegen seiner Seltenheit zu schonen.

Im Nadelwald

Rauchblättriger Schwefelkopf
Hypholoma capnoides

Merkmale Der 2–8 cm breite Hut des Rauchblättrigen Schwefelkopfes ist erst gewölbt, dann abgeflacht. Er ist blassgelb bis gelbbraun mit fuchsig rötlicher Mitte. Die Lamellen sind erst blass, bald aber aschgrau (Name!) und im Alter grauviolett, ohne grüne Farbtöne. Die oft gebogenen Stiele sind 5–8 cm lang, oben weißlich bis hellgelblich, abwärts gelbbräunlich bis rostbraun.
Vorkommen Dieser Speisepilz wächst von Oktober bis Februar in Fichten- und Kiefernwäldern.
Wissenswertes Der Rauchblättrige Schwefelkopf ist ein weit verbreiteter Spätherbstpilz, der bis in den Winter hinein, manchmal sogar bis zum Frühjahr büschelig an Nadelholzstümpfen vorkommt. Die Fruchtkörper wachsen oftmals in großer Anzahl zwischen der sich ablösenden Borke und dem Splintholz aus einem feinen Pilzgeflecht hervor, das im Holz wächst. Der Pilz lebt von der Zersetzung des toten Nadelholzes.

Tipp für unterwegs
Verwechslungen mit dem giftigen, bitteren Grünblättrigen Schwefelkopf können durch eine Geschmacksprobe vermieden werden (Probe ausspucken).

Grünblättriger Schwefelkopf
Hypholoma fasciculare

Merkmale Der Grünblättrige Schwefelkopf hat einen 2–7 cm breiten schwefelgelben Hut mit ocker- bis rotbraunem Scheitel. Seine Lamellen sind anfangs schwefel-, bald jedoch grüngelb und mit zunehmendem Alter immer dunkler werdend. Der 5–10 cm lange Stiel ist oben blass schwefelgelb, nach unten zu gelb- bis rostbräunlich. Sein Fleisch ist schwefelgelb und bitter.
Vorkommen Der Grünblättrige Schwefelkopf erscheint von Mai bis November in Nadel- und Laubwäldern.
Wissenswertes Die typischen Merkmale des Grünblättrigen Schwefelkopfes sind das schwefelgelbe Fleisch, die grüngelben bis olivgrünen Lamellen und der bittere Geschmack. Er ist ausgesprochen häufig und überzieht oft in großen Büscheln ganze Baumstümpfe im Wald. Da alte Fruchtkörper nur langsam verwesen, kann man ihn bis ins nächste Frühjahr hinein finden.

Tipp für unterwegs
Wenn ein Schwefelkopf an Laubholz siedelt, lassen Sie ihn stehen. Der essbare Rauchblättrige Schwefelkopf lebt nur an Nadelholz.

Grüne Lamellen und grelle Gelbtöne sind typisch.

Im Nadelwald

Reifpilz, Zigeuner
Rozites caperatus

Merkmale Der 4–12 cm breite Hut ist bei jungen Exemplaren glockig mit eingebogenem Rand (→ Bild), alt ausgebreitet, mit stumpfem Buckel und radial gerunzelt. Er ist semmelfarben und silbrig bereift mit lila Reflex. Die Lamellen sind jung blass, später tonfarben. Der blass ockerliche, 5–15 cm lange Stiel ist längsfaserig und trägt einen schmalen, blassgelben Ring.
Vorkommen Der Reifpilz erscheint von Juli bis Oktober in Kiefern-, seltener in Laubwäldern.
Wissenswertes Der Reifpilz bekam seinen Namen von dem reifartigen Hutbelag, der bis ins Alter erhalten bleibt. Junge Exemplare vom Bocks-Dickfuß oder Safranfleischigen Dickfuß sehen ähnlich aus, sind jedoch an ihrem Geruch nach Ziegenstall bzw. nach vergammelnden Birnen erkennbar. Beide Arten sind stark magen-darm-giftig.

Tipp für unterwegs
Den Reifpilz finden Sie auf sandigen, sauren Böden, wo Kiefern, Heidekraut und Heidelbeeren wachsen.

Blass ockerfarbenes Fleisch ist ein gutes Merkmal.

Bocks-Dickfuß
Cortinarius camphoratus

Merkmale Der Bocks-Dickfuß hat einen 3–9 cm breiten, erst halbkugeligen, bald ausgebreiteten Hut. Junge Pilze sind hellviolett, ältere verfärben sich von der Mitte her gelbbraun. Die Lamellen sind erst violett, später zimt- bis rostbraun. Der keulige Stiel ist 5–8 cm lang und von violetten Hüllresten bedeckt, die später gilben. Sein Fleisch ist in Hut und Stielspitze violett.
Vorkommen Der Bocks-Dickfuß erscheint von August bis November hauptsächlich in Berglagen in Nadelwäldern.
Wissenswertes Dieser relativ häufige Schleierling wächst wie der Reifpilz sehr gerne unter Fichten und Weißtannen auf sauren Böden, in dicken Moospolstern in der Nähe von Heidel- und Preiselbeeren. Die lateinische Artbezeichnung „*camphoratus*" bedeutet unangenehm riechend und bezieht sich auf den Ekel erregenden Geruch.

Tipp für unterwegs
Der widerliche, oft schon von weitem wahrnehmbare Geruch ist das beste Erkennungsmerkmal dieser Art.

Im Nadelwald

Tipp für unterwegs

Im Unterschied zu vielen rötlich gefärbten Täublings-Arten ist das Fleisch vom Braunroten Leder-Täubling mild.

Leder-Täublinge haben weißes Fleisch.

Braunroter Leder-Täubling
Russula integra

Merkmale Der Braunrote Leder-Täubling ist ein mittelgroßer Pilz mit einem 6–12 cm breiten Hut. Er ist jung halbkugelig, schließlich ausgebreitet und in der Mitte eingesenkt. Die Hutfarbe variiert von braunrot über olivbraun bis grünlich. Die Hutmitte ist oft gelblich ausgeblichen. Die Lamellen sind anfangs blassgelb und alt gelbocker. Der 3–8 cm lange Stiel ist weiß.
Vorkommen Der Braunrote Leder-Täubling erscheint von Juli bis Oktober im Nadelwald.
Wissenswertes Die Täublinge gehören zur großen Gruppe der Sprödblättler. Dies sind Pilze mit spröden, splitternden Lamellen (Name!) und einem hellen Stiel, der nicht fasert, sondern sich leicht durchbrechen lässt. Oft fallen Täublinge durch relativ lebhaft gefärbte Hüte auf. Essbare Täublinge sind wegen ihres festen Fleisches sehr geschätzt.

Tipp für unterwegs

Der Stachelbeer-Täubling riecht nach Stachelbeer-Kompott (Name!) und schmeckt scharf (Geschmacksprobe ausspucken).

Stachelbeer-Täubling
Russula queletii

Merkmale Der Stachelbeer-Täubling hat einen purpurrostfarbenen, trüb weinroten oder braunpurpurfarbenen, 5–8 cm breiten Hut, der in der Mitte fast schwarz gefärbt ist. Selten ist er grünlich. Die Lamellen sind anfangs weiß, dann gelblich und wie bei allen Täublingen spröde. Der zylindrische Stiel ist 5–7 cm lang und mal stärker, mal schwächer purpurrosa bis karminrot gefärbt.
Vorkommen Stachelbeer-Täublinge erscheinen von Juli bis November meist gesellig im Nadelwald.
Wissenswertes Der Pilz verursacht bei empfindlicheren Personen schmerzhafte Magen-Darmstörungen. Die Latenzzeit beträgt zwischen 30 Minuten und 3 Stunden, lebensgefährlich ist er aber nicht. Der scharfe Geschmack, der beim Kochen bitter wird, macht den Pilz ohnehin ungenießbar. Er wächst vor allem bei Fichten im Bergland und kommt auf kalkreichen Böden vor.

Im Nadelwald

Edel-Reizker, Echter Reizker
Lactarius deliciosus

Merkmale Der 5–12 cm breite Hut des Edel-Reizkers ist anfangs gewölbt, alt jedoch flach trichterförmig. Die Oberfläche ist orangefarben bis orangegelblich gefärbt und trägt silbrige konzentrische Kreise, Zonen und/oder Flecke. Alt ist er meist grünfleckig. Die Lamellen sind orangeocker. Der Stiel wird 3–7 cm lang, ist blassorange mit dunkleren Gruben und wird bald hohl.
Vorkommen Edel-Reizker erscheinen von August bis Oktober in sandigen Wäldern unter Kiefern.
Wissenswertes Er gehört zu einer Gruppe von Milchlingen, die alle eine rote oder orangefarbene Milch abgeben. Die einzelnen Arten dieser Gruppe unterscheiden sich nur durch Kleinigkeiten, sind jedoch alle essbar und mehr oder weniger schmackhaft (→ S. 112). Der Edel-Reizker wird zusammen mit dem Blut-Reizker allgemein als der geschmacklich Beste angesehen.

> **Tipp für unterwegs**
> Den Edel-Reizker können Sie an der karottenroten Milch erkennen, die beim Anschnitt austritt.

Grubiger Milchling
Lactarius scrobiculatus

Merkmale Der Grubige Milchling hat einen etwa 10–20 cm breiten Hut mit schwefel- bis goldgelber Oberfläche und undeutlich konzentrisch angeordneten Faserschuppen. Die Lamellen sind cremefarben bis rahmgelblich und jung bisweilen mit Tröpfchen besetzt. Der breite, 3–6 cm lange Stiel ist blassgelb und mit zahlreichen flachen, dunkelgelben bis gelbbraunen Gruben versehen.
Vorkommen Der Grubige Milchling erscheint von Juli bis Oktober in Berglagen auf Kalkböden unter Fichten.
Wissenswertes Der Pilz ist aufgrund seines kräftigen Wuchses und des grubigen Stiels (Name!), recht gut zu erkennen. Da er beim Wachsen bereits unter der Erde aufzuschirmen beginnt, hat er oft viel Erde auf dem Hut. In manchen Gegenden wird er deshalb Erdschieber genannt. Außerhalb des Alpenvorlandes nach Norden zu wird er schnell sehr selten.

> **Tipp für unterwegs**
> Vorsicht: Im Unterschied zum Edel-Reizker hat der Grubige Milchling einen gelben Hut.
>
>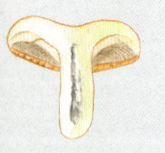
>
> Fleisch und Milch färben sich chromgelb.

Im Nadelwald

Tipp für unterwegs

Typisch für diesen Pilz: Er wächst unter Fichten auf Kalk.

Fleisch und Milch verfärben sich nach 10 Minuten weinrot.

Fichten-Reizker
Lactarius deterrimus

Merkmale Dieser Reizker hat einen 3–10 cm breiten, vertieften, orangeroten, gezonten Hut, der mehr oder weniger grün verwaschen ist. Die orangeocker gefärbten Lamellen flecken im Alter graugrün. Der 3–6 cm lange, orangefarbene Stiel ist glatt und weist keinerlei Gruben oder Flecken auf.
Vorkommen Der Pilz wächst in feuchten jungen Fichtenwäldern von Juli bis November.
Wissenswertes Er ist essbar, aber von allen Reizkerarten gilt er als derjenige mit dem herbsten Geschmack und ist daher von eher minderer Qualität. Da er aber oft massenhaft auftritt, wird er dennoch gerne gesammelt. Am besten schmeckt er gebraten.

Tipp für unterwegs

Der Lachs-Reizker gilt als Partner der Weiß-Tanne und bevorzugt kalkhaltige Böden.

Lachs-Reizker
Lactarius salmonicolor

Merkmale Lachs-Reizker haben einen 4–12 cm breiten, orangefarbenen bis orangegelben, schwach dunkler gezonten Hut, der keinerlei Grüntöne zeigt und dessen Rand lange eingerollt bleibt. Die Lamellen sind blassorange gefärbt. Der 3–7 cm lange Stiel ist orangegelb und trägt intensiver gefärbte Grübchen.
Vorkommen Der Lachs-Reizker erscheint von August bis November unter Weiß-Tanne.
Wissenswertes Lachs-Reizker scheiden beim Anschnitt eine karottenrote Milch aus, die sich nach 1–2 Stunden weinrot verfärbt. Sie schmeckt ein wenig bitter, weswegen er nicht so geschätzt wird wie Edel- oder Blut-Reizker.

Tipp für unterwegs

Der Blut-Reizker kommt nur an wärmeren Stellen unter Kiefern (Name!) vor.

Milch von Beginn an weinrot

Weinroter Kiefern-Reizker, Blut-Reizker
Lactarius sanguifluus

Merkmale Beim Blut-Reizker ist der Hut 6–15 cm breit und schmutzig orangefarben mit grünlichen und purpurroten Zonen, alt blasst er aus. Die Lamellen sind erst gelblich, später fleisch- bis weinrötlich. Der 3–6 cm lange Stiel ist hutfarben mit dunkleren Gruben. Das Fleisch und die Milch sind weinrot.
Vorkommen Der Pilz erscheint von August bis November unter Kiefern auf Kalk.
Wissenswertes Charakteristisch für diesen Reizker ist die von Anfang an weinrote Milch. Er ist in Mitteleuropa selten und nur in den warmen Gegenden mit Kalkboden vorkommend. In Südeuropa ist er dagegen verbreitet.

Im Nadelwald

Krause Glucke
Sparassis crispa

Tipp für unterwegs

Die Krause Glucke erscheint mehrere Jahre am gleichen Baum. Ihre Größe kann aber variieren.

Merkmale Die Krause Glucke ist ein voluminöser Pilz, der von weitem einem Badeschwamm ähnelt. Der halbkugelige Fruchtkörper ist 10–30 cm breit und bis 20 cm hoch. Er hat einen fleischigen Strunk mit zahlreichen gewundenen und verbogenen, abgeflachten Ästen, die nach außen in blattartige Enden münden. Der Pilz ist anfangs weißlich bis blassgelb, später schmutzig hellbräunlich.

Vorkommen Die Krause Glucke kommt von August bis Oktober am Fuß von Nadelbäumen vor.

Wissenswertes Die Krause Glucke ist ein starker Schädling der Wald-Kiefer. Zunächst befällt der Pilz die Wurzeln in Stammnähe. Die Pilzfäden können sich aber dann bis zu einigen Metern hoch im Stamm ausbreiten. Sie verursachen eine Braunfäule im Stammholz. Der Fruchtkörper enthält oft Sandpartikel und Humusreste und sollte daher gut ausgespült werden.

Die umgebogenen Astränder sind arttypisch.

Habichtspilz, Rehpilz
Sarcodon imbricatus

Tipp für unterwegs

Den Habichtspilz erkennt man an den weiß-grauen Stacheln der Hutunterseite und den abstehenden Schuppen des Hutes.

Merkmale Der Habichtspilz ist ein graubrauner, ziemlich großer Stachelpilz und etwa 6–30 cm breit. Der Hut ist mit dunkelbraun gefärbten, aufgerichteten Schuppen besetzt, die zum Rand hin kleiner werden. Auf der Hutunterseite stehen bis 1 cm lange, anfangs weißgraue, später grau- bis purpurbraune Stacheln. Der dicke, fleischige Stiel ist 5–8 cm lang und an der Basis oft verdickt.

Vorkommen Habichtspilze erscheinen von August bis November gerne unter Fichten.

Wissenswertes Der Pilz sollte nur in jungem Zustand gesammelt werden, denn alte Pilze sind hart und zäh und schmecken fad oder sogar bitter. Er ist allerdings nur als Würzpilz zu verwenden, ein Reingericht nur mit Habichtspilz würde nicht gut schmecken. Da er aber regional immer seltener wird, sollten Sie ihn in den meisten Gegenden stehen lassen.

Im Nadelwald

Tipp für unterwegs

Der Klebrige Hörnling fällt wegen seiner gelben bis orangefarbenen Farbe auf dem Waldboden gut auf.

Klebriger Hörnling
Calocera viscosa

Merkmale Der Klebrige Hörnling sieht aus wie ein Korallenpilz: Er hat 3–7 cm hohe dottergelbe bis orangefarbene, gabelig verzweigte Äste. Der Pilz wurzelt mit einem bis zu 15 cm langen, blassen, zähen Strang im Holz. Der Fruchtkörper ist klebrig gallertartig und zäh. Bei Trockenheit wird er hornartig hart und dunkelorange, bei feuchter Witterung quillt er jedoch wieder auf.
Vorkommen Der Klebrige Hörnling ist weit verbreitet von Juni bis November auf morschem Nadelholz.
Wissenswertes Klebrige Hörnlinge spielen eine wichtige ökologische Rolle beim Abbau von Nadelholz und der Entstehung von Humus. Zu Speisezwecken sind sie dagegen nicht geeignet, denn sie sind zäh und unverdaulich. Sie werden aber bisweilen als Dekoration auf kalten Platten oder Ähnlichem benutzt. Ein versehentliches Verspeisen dieser Deko wäre ungefährlich.

Tipp für unterwegs

Unerfahrene Pilzsammler könnten sie mit essbaren Morcheln verwechseln, die jedoch einen wabenartigen Hut haben.

Frühjahrs-Lorchel, Gift-Lorchel
Gyromitra esculenta

Merkmale Die Frühjahrs-Lorchel ähnelt auf den ersten Blick einer Morchel (→ S. 74). Der hirnartig gewundene, rundliche Hutteil ist 5–9 cm hoch und breit und gelb-, rot- bis schwarzbraun gefärbt. Der Hutrand ist mit dem kurzen, grauweißlichen bis gelblichen, unregelmäßig geformten Stiel verwachsen. Der ganze Pilz ist in der Konsistenz wachsartig bis knorpelig.
Vorkommen Gift-Lorcheln erscheinen von März bis Juni in sandigen Nadelwäldern und auf Holzlagerplätzen.
Wissenswertes Der Pilz galt früher als essbar (*esculenta* = essbar), wenn man ihn gut kocht und das Kochwasser weggießt. Er enthält das tödlich giftige Gyromitrin, ein hitzeflüchtiges Gift. Aber auch das Abkochen bietet keinen sicheren Schutz vor Vergiftungen. Überdies sind bereits die Dämpfe beim Kochen so giftig, dass es beim Einatmen zu Vergiftungen kommt.

Der Hutteil ist hohl.

Auf Wiesen und in Gärten

Sie müssen nicht zum Pilze suchen in den Wald gehen: Auch auf Wiesen und Weiden, an grasigen Wegrändern, in Parks, ja sogar in Ihrem Garten können Sie verschiedene Pilze finden. Wiesen-Egerling, Nelken-Schwindling und Riesenbovist sorgen für schmackhafte Mahlzeiten.

Auf Wiesen und in Gärten

Tipp für unterwegs

Sie finden Schneeweiße Ellerlinge erst spät im Jahr, vor allem auf kalkhaltigen Wiesen, Weiden, Magerrasen und Wacholderheiden.

Schneeweißer Ellerling
Hygrocybe virginea (Camarophyllus virgineus)

Merkmale Der Schneeweiße Ellerling ist ein kleiner, weißer Pilz. Der 1,5–3 cm breite, weiße bis cremeweiße Hut ist jung konvex, später flach oder leicht vertieft mit stumpfem Buckel oder mit niedergedrückter Mitte. Die dicken, entfernt stehenden Lamellen laufen am Stiel herab. Der Stiel ist 2–5 cm lang und zur Basis hin zugespitzt. Er ist weißlich und an der Basis bisweilen rosalich gefärbt.

Vorkommen Schneeweiße Ellerlinge erscheinen von September bis Dezember auf ungedüngten Wiesen.

Wissenswertes Zur gleichen Zeit und am gleichen Standort kann der sehr giftige Feld-Trichterling vorkommen. Er ist etwas größer, seine Lamellen stehen dichter und laufen nicht am Stiel herab, dennoch kann er mit dem Schneeweißen Ellerling verwechselt werden. Unerfahrene Pilzsammler sollten von weißhütigen Pilzen die Finger lassen, da es unter ihnen viele giftige Arten gibt.

Die Lamellen laufen bogig herab.

Tipp für unterwegs

Der Feld-Trichterling darf trotz des appetitlichen Aussehens und des angenehmen Geruches nicht gegessen werden!

Feld-Trichterling
Clitocybe dealbata

Merkmale Der Feld-Trichterling ist ein kleiner weißhütiger Trichterling mit einem 2–5 cm breiten, matt weißlichen Hut. Bei jungen Pilzen ist der Hutrand eingerollt, bei älteren Exemplaren wellig gebogen. Die blassen Lamellen sind dünn und stehen gedrängt. Der Stiel ist 2–4 cm lang und weißlich mit bisweilen bestäubter Spitze. Das Fleisch ist weißlich und riecht etwas mehlartig.

Vorkommen Der Feld-Trichterling erscheint von Juli bis November in diversen Wiesenbiotopen.

Wissenswertes Feld-Trichterlinge enthalten das sehr giftige Muscarin, das zu schweren, manchmal sogar tödlichen Vergiftungen führt. Sie gehören zu einer Gruppe schwer unterscheidbarer giftiger weißer Trichterlinge, vor denen dringend gewarnt werden muss, da sie auch von erfahrenen Pilzsammlern leicht mit essbaren weißhütigen Pilzen verwechselt werden können.

Auf Wiesen und in Gärten

Granatroter Saftling
Hygrocybe punicea

Tipp für unterwegs

Den Granatroten Saftling können Sie wegen der leuchtenden Farben und seiner Größe leicht in seiner grasigen Umgebung finden.

Merkmale Der Granatrote Saftling ist einer der schönsten und größten Saftlinge. Er hat einen 4–9 cm breiten, stumpf gebuckelten, blut- bis granatroten Hut, der mit zunehmendem Alter besonders in der Mitte gelbrot ausblasst. Die breiten Lamellen sind bei jungen Pilzen blassgelb, später dann orangerot. Der zylindrische Stiel ist 5–9 cm lang, rot bis orangerot und basal gelblich.

Vorkommen Der Granatrote Saftling wächst vom Sommer bis zum Herbst auf ungedüngten, beweideten Wiesen.

Wissenswertes Bei fast allen Saftlings-Arten sind die Vorkommen durch Überdüngung der Wiesen und Umstellung auf ertragreichere Fettwiesen verschwunden oder stark bedroht. Die Pilze stehen in Deutschland unter Schutz, daher darf auch der Granatrote Saftling, obwohl essbar, nicht gesammelt werden. Junge Exemplare könnten mit anderen Saftlingen verwechselt werden.

Kegeliger Saftling
Hygrocybe conica (H. nigrescens)

Tipp für unterwegs

Wo Saftlinge auftreten, können Sie auch mit anderen seltenen Pilzarten rechnen. Die Pilze sind geschützt, erfreuen Sie sich am Aussehen.

Das Schwärzen ist für diese Art kennzeichnend.

Merkmale Der Kegelige Saftling verdankt seinen Namen seinem kegelförmigen Hut. Dieser ist 4–6 cm breit, orangegelb bis orangerot und am Rand oft unregelmäßig gelappt. Die breiten, entfernt stehenden Lamellen sind blass- bis leuchtend gelb. Der schlanke, zylindrische Stiel ist 3–8 cm lang und oft drehwüchsig. Junge Stiele sind zitronengelb, ältere gelborange mit weißlicher Basis.

Vorkommen Dieser Saftling erscheint von August bis Oktober einzeln bis gesellig an grasigen Plätzen, auf Weg- und Waldrändern von Laubwäldern.

Wissenswertes Hut, Lamellen und Stiel schwärzen bei Berührung und im Alter (→ Bild). Das Schwärzen ist auf Oxidationsprozesse zurückzuführen. Da er der einzige Saftling ist, der dieses Merkmal zeigt, ist er einfach bestimmbar, auch wenn er in Größe und Farbe stark variiert. Der Pilz ist giftig und verursacht gastrointestinale Störungen.

Auf Wiesen und in Gärten

Lilastieliger Rötelritterling
Lepista saeva (L. personata)

> **Tipp für unterwegs**
>
> Das typische Merkmal – den violettblauen Stiel – sehen Sie erst, wenn Sie sich bücken und unter den dickfleischigen Hut schauen.

Merkmale Der Lilastielige Rötelritterling ist ein gut kenntlicher Pilz. Der dickfleischige Hut ist 5–15 cm breit, jung halbkugelig, bald jedoch flach gewölbt. Er ist blassgrau bis blassbräunlich mit einem ganz leichten Lilaton. Die gedrängt stehenden Lamellen sind etwas heller gefärbt als der Hut. Der 3–6 cm lange und 1–3 cm breite Stiel ist auf hellem Grund schön violettblau gefärbt.

Vorkommen Der Lilastielige Rötelritterling erscheint von August bis Dezember auf ungedüngten Wiesenflächen und in Obstgärten.

Wissenswertes Da der Lilastielige Rötelritterling sehr empfindlich gegen künstliche Düngung ist, ist dieser früher häufige Pilz mehr und mehr rückläufig. Mancherorts ist er aber immer noch relativ häufig. Er wächst oft in großen Ringen, bisweilen auch in Gruppen, in wenig gedüngten Wiesen und Weiden, auf Magerrasen und in Parkanlagen, vor allem auf Kalkböden.

Orangeroter Heftelnabeling
Rickenella fibula

> **Tipp für unterwegs**
>
> Wenn Sie einen feuchten, schattigen Garten haben, schauen Sie sich einmal genauer um: Der Winzling kommt in vielen moosigen Wiesen vor.
>
>
>
> Der Pilz hat herablaufende Lamellen.

Merkmale Der Orangerote Heftelnabeling hat einen sehr kleinen, 0,4–1 cm breiten halbkugeligen Hut mit abgeflachtem und tief genabeltem Scheitel. Er ist lebhaft orangefarben, blasst jedoch zum Rand hin aus. Die weißlichen bis blassorangefarbenen Lamellen laufen am Stiel herab. Dieser ist im Verhältnis zum Hut sehr lang (2–6 cm), orangefarben und mit hellerer Basis (→ Bild).

Vorkommen Heftelnabelinge sind sehr häufig von Juni bis Dezember im Moos von Wiesen und in Wäldern.

Wissenswertes Dieser Pilz gehört zu einer Gruppe kleinhütiger Pilze mit genabelten Hüten und dünnen, langen Stielen, die aus nur vier Arten besteht. Alle diese Arten wachsen stets in Verbindung mit Moosen, auf denen sie parasitieren. Daher findet man sie auch in allen Biotopen, Hauptsache ein entsprechendes Wirtsmoos ist vorhanden.

Auf Wiesen und in Gärten

Maipilz, Mai-Ritterling, Mai-Schönkopf
Calocybe gambosa

Tipp für unterwegs

Mai-Ritterlinge wachsen oft in Ringen. Da dort das Gras intensiver grün ist, kann man ihren Standort auch ohne Fruchtkörper schon erkennen.

Merkmale Der Maipilz ist ein auffälliger Frühjahrspilz. Der fleischige, cremeweiße bis grau-bräunliche Hut ist 3–10 cm breit, jung halbkugelig, später abgeflacht und am Rand oft wellig gebogen. Die hutfarbenen Lamellen stehen sehr dicht. Der stämmige weißliche bis elfenbeinfarbene Stiel ist 5–8 cm lang und faserig. Das weißliche Fleisch riecht stark nach Mehl oder Gurkenschale.
Vorkommen Der Maipilz erscheint von April bis Juni an grasigen Stellen in Laubwäldern, auf Wiesen und in Parks.
Wissenswertes Zur gleichen Zeit und an denselben Standorten erscheint der giftige Ziegelrote Risspilz. Alte Exemplare sind kaum verwechselbar, aber junge, noch nicht rot verfärbte Risspilze können sehr ähnlich aussehen. Da dieser als stark muscarinhaltiger Pilz schwere Vergiftungen auslöst, sollten Sie bei der geringsten Unsicherheit lieber aufs Sammeln verzichten.

Ziegelroter Risspilz, Mai-Risspilz
Inocybe erubescens (I. patouillardii)

Tipp für unterwegs

Die kennzeichnende ziegelrote Verfärbung tritt oft erst nach Stunden ein – Maipilze bleiben unverändert weiß.

Merkmale Beim Ziegelroten Risspilz sitzt ein 2–9 cm breiter Hut auf einem dicken, 4–8 cm langen Stiel. Junge Pilze haben einen glockigen, weißlichen Hut. Alt ist der Hut ausgebreitet, meist stumpf gebuckelt und streifig bis vollständig ziegelrötlich gefärbt. Die Lamellen sind erst weißlich, bald graubeige, zuletzt olivbraun. Alle Fruchtkörperteile röten auf Druck und im Alter.
Vorkommen Ziegelrote Risspilze erscheinen von Mai bis Juli in Parkanlagen und an Wegen in Laubwäldern.
Wissenswertes Der Ziegelrote Risspilz enthält Muscarin und ist sehr giftig. Junge Pilze werden immer wieder mit dem Maipilz verwechselt. Wie viele andere Risspilzarten ist er auf kalkhaltigen Boden angewiesen und wächst dort an Wegrändern oder in offenen Parks und Gärten, stets aber in Begleitung von Laubbäumen. Direkt im Wald trifft man ihn eher selten an.

Im Anschnitt ist der Pilz langsam rötend.

Auf Wiesen und in Gärten

Tipp für unterwegs

Der graubraune Pilz mit dem kurzen Stiel ist unverkennbar. Sammeln Sie nur junge Pilze mit noch weißlichen Lamellen, die sind am schmackhaftesten.

Kurzstieliger Weichritterling
Melanoleuca brevipes

Merkmale Der Kurzstielige Weichritterling zeichnet sich durch einen flachen, mehr oder weniger gebuckelten bis niedergedrückten, 4–8 cm breiten, graubraunen, fleischigen Hut und einen kurzen Stiel aus, durch den er auch seinen Namen bekam. Die dicht stehenden Lamellen sind zunächst weißlich, später hellgrau. Der 2–4 cm lange, etwas keulige Stiel ist längsfaserig und hutfarben.
Vorkommen Dieser Weichritterling erscheint von Mai bis Dezember an grasigen Plätzen, auf Wiesen und Weiden.
Wissenswertes Die Weichritterlinge sind noch nicht sehr gut erforscht und die Bestimmung der einzelnen Arten ist auch für Fachleute nicht einfach. Die Pilze dieser Gattung haben weiße bis blass ockerfarbene Lamellen und einen ringlosen Stiel. Die bisher bekannten Weichritterlings-Arten (→ auch S. 40) sind alle essbar, wenn auch geschmacklich nicht sehr beliebt.

Tipp für unterwegs

Sie können die kleinen Pilze kaum verwechseln. Sie treten meist in großer Zahl bei Regen nach Trockenperioden auf.

Die weiten Lamellen sind ein sehr gutes Merkmal.

Nelken-Schwindling, Feld-Schwindling
Marasmius oreades

Merkmale Feld-Schwindlinge sind kleine, als Rasenpilze aber auffällige Pilze. Der 2–6 cm breite, blass ledergelbe bis gelbbräunliche Hut ist stumpf gebuckelt und hat einen welligen, oftmals gefurchten Rand. Die ziemlich weit auseinanderstehenden Lamellen sind blass lederfarben. Der schlanke, steife Stiel ist 4–7 cm lang, weißlich bis lederfarben und zur Basis hin dunkler.
Vorkommen Nelken-Schwindlinge erscheinen von Mai bis November in Ringen auf Wiesen, Rasenflächen und an Waldrändern.
Wissenswertes Das Myzel dieses Pilzes setzt im Wachstumsbereich Stickstoffverbindungen frei, so dass das Gras zunächst saftig dunkelgrün erscheint, um bald darauf jedoch braun zu werden und abzusterben. Daher wollen viele Gartenbesitzer den Pilz lieber loswerden, was nicht so einfach ist. Die zarten Hüte der Nelken-Schwindlinge eignen sich sehr gut für Suppen.

Auf Wiesen und in Gärten

Mehl-Räsling, Mehlpilz
Clitopilus prunulus

Tipp für unterwegs

Wenn Sie Mehl-Räslinge finden, dann sollten Sie Ihre Augen offen halten: Oft sind hier auch Steinpilze nicht weit entfernt.

Merkmale Der Mehl-Räsling mit seinem 3–10 cm breiten, weißen bis weißgrauen Hut ist ein auffälliger Pilz. Der fleischige Hut ist jung halbkugelig, alt bisweilen vertieft bis trichterförmig. Der Hutrand ist lange eingerollt. Die Lamellen stehen dicht beieinander und laufen am Stiel herab. Sie sind jung weiß, älter dann aber fleischrosa. Der weiße Stiel ist 2–6 cm lang und wächst oft außerhalb der Hutmitte.

Vorkommen Mehl-Räslinge erscheinen von Juni bis Oktober in verschiedensten Wäldern.

Wissenswertes Ähnlich sind der Feld-Trichterling (→ S. 120) und der Bleiweiße Firnistrichterling (→ S. 94). Geruch und Geschmack sind aber arttypisch stark mehlartig (Name!). Dennoch können junge Räslinge sehr leicht mit den giftigen Trichterlingsarten verwechselt werden und sind daher nur sehr versierten Sammlern empfohlen.

Großer Scheidling, Acker-Scheidling
Volvariella gloiocephala (V. speciosa)

Tipp für unterwegs

Sehen Sie sich im Herbst auf Stoppelfeldern um, hier können oft massenhaft Große Scheidlinge wachsen.

Merkmale Der Große Scheidling hat einen 5–10 cm breiten, weißlichen bis graubräunlichen Hut. Dieser ist zunächst glockig, bald jedoch gewölbt abgeflacht und dann ausgebreitet. Die Lamellen sind nicht am Stiel angewachsen, erst weiß, bald aber schmutzig rosa. Der schlanke, weiße Stiel ist 8–15 cm lang, an der Basis leicht verdickt und steckt in einer weißen, häutigen Scheide.

Vorkommen Große Scheidlinge wachsen von Mai bis November auf nährstoffreichen Feldern und Wiesen, in Gärten, auf Komposthaufen und an Wegrändern.

Wissenswertes Der Pilz kann leicht mit Weißen oder Grünen Knollenblätterpilzen (→ S. 50) verwechselt werden. Diese haben jedoch stets weiße Lamellen und ihr Stiel trägt einen häutigen Ring. Alle anderen Scheidlingsarten sind entweder kleiner oder haben eine dunkelbraun gefärbte Scheide an der Stielbasis. Unter den Scheidlingen gibt es vermutlich keine Giftpilze.

Rosa Lamellen und eine Volva kennzeichnen die Scheidlinge.

Auf Wiesen und in Gärten

Stadt-Egerling, Stadt-Champignon
Agaricus bitorquis (A. edulis)

Merkmale Der Stadt-Egerling hat einen weißlichen bis lederfarbenen, 4–10 cm breiten Hut. Die dicht stehenden Lamellen sind jung blass fleischfarben, alt schokoladenbraun. Der dicke, weiße Stiel ist 3–6 cm lang und trägt einen doppelten Ring. Das Fleisch ist weiß, fest und rötet schwach.
Vorkommen Die Pilze erscheinen von Mai bis Oktober in Gärten, an Straßen und Wegen.
Wissenswertes Stadt-Egerlinge sind durch ihr Vorkommen an Straßenrändern, an denen gerne Hunde ausgeführt werden, oft unappetitlich. Des Weiteren sind sie an solchen Standorten zumindest in den Städten stark mit Schadstoffen belastet.

> **Tipp für unterwegs**
>
> Sammeln Sie nur Stadt-Egerlinge, die weit weg vom Straßenverkehr wachsen.
>
>
>
> Er ist der einzige Egerling mit einem doppelten Ring.

Wiesen-Egerling, Wiesen-Champignon
Agaricus campestris

Merkmale Der Wiesen-Egerling hat einen 3–12 cm breiten, weißen, feinschuppigen Hut. Die dicht stehenden, breiten Lamellen sind bei jungen Pilzen hellrosa, im Alter schokoladenbraun. Der relativ kurze, etwa 5–7 cm lange, dicke Stiel ist weiß und trägt einen schwach ausgebildeten, vergänglichen Ring.
Vorkommen Wiesen-Egerlinge wachsen von Juni bis Oktober auf Wiesen, Weiden und Äckern.
Wissenswertes Vorsicht vor den sehr giftigen weißen Knollenblätterpilzen, deren Lamellen jung wie alt weiß und nicht hellrosa bis dunkelbraun sind und deren Stiele aus einer Scheide herauswachsen.

> **Tipp für unterwegs**
>
> Suchen Sie den Wiesen-Egerling im trockenen Sommer nach einem heftigen Regenguss auf schwach beweideten Wiesen oder Pferdekoppeln.

Weißer Anis-Egerling
Agaricus arvensis

Merkmale Der Weiße Anis-Egerling ist ein relativ großer Egerling mit einem 8–10 cm breiten, weißen oder leicht gelblichen Hut. Wie der weiße Stiel verfärbt er sich bei Druck leicht gelblich. Der Ring am 8–12 cm hohen, etwas knolligen Stiel ist auf der Unterseite sternförmig gezackt.
Vorkommen Anis-Egerlinge erscheinen von Juni bis Oktober auf gedüngten Wiesen und Weiden, selten im Wald.
Wissenswertes Auch wenn er Anis-Egerling heißt, ist sein auffallender Geruch doch eher marzipan- als anisartig. Wie alle gilbenden Egerlinge reichert auch er größere Mengen an Cadmium an, weswegen man diese Egerlinge nicht so oft verzehren sollte.

> **Tipp für unterwegs**
>
> Der Pilz riecht stark nach Bittermandel.
>
>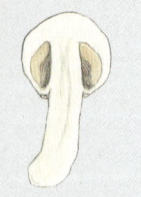
>
> Lamellen beim jungen Pilz weiß

Auf Wiesen und in Gärten

Schopf-Tintling, Spargelpilz
Coprinus comatus

Tipp für unterwegs

Sammeln Sie nur ganz junge Pilze deren Lamellen noch völlig weiß sind und bereiten Sie sie möglichst rasch zu.

Die Lamellen verfärben sich von rosa nach schwarz.

Merkmale Schopf-Tintlinge sind an ihren weißen, schuppigen und walzenförmigen Hüten sehr gut zu erkennen. Die Hüte sind 2–6 cm breit und 6–18 cm hoch. Die dicht stehenden, breiten Lamellen sind zunächst weiß, bald rosafarben, um dann mit dem Hut tiefschwarz tintenartig zu zerfließen. Der schlanke, weiße Stiel wird bis 15 cm lang und trägt einen schmalen, vergänglichen Ring.
Vorkommen Schopf-Tintlinge lieben gedüngten Boden und erscheinen von Mai bis November an Wegen, auf Feldern und in Gärten.
Wissenswertes Die Pilze altern sehr schnell und zerfließen dann vom Rand her tintenartig schwarz. Hut und Lamellen können sich innerhalb von wenigen Stunden zu einer tintenartigen Brühe verflüssigen. In früheren Zeiten hat man aus Schopf-Tintlingen tatsächlich noch Tinte hergestellt. Sammeln Sie die Pilze möglichst nicht dort, wo Pestizide ausgebracht werden.

Grauer Falten-Tintling
Coprinopsis atramentarius

Tipp für unterwegs

Bevorzugen Sie den meist in der Nähe wachsenden Schopf-Tintling. Er schmeckt besser und ist außerdem ein unkritischer Speisepilz.

Merkmale Der Graue Falten-Tintling hat einen aschgrauen bis graubräunlichen, etwas kegelförmigen Hut, der im Alter tintenartig zerfließt. Der Hut ist 3–7 cm hoch, 3–6 cm breit und gerieft bis gefaltet (→ Bild). Die dicht gedrängten Lamellen sind weißlich bis blassgrau und zerfließen im Alter schwarz. Der weißliche Stiel ist 6–15 cm lang und zur Basis hin verdickt mit Wulst.
Vorkommen Graue Falten-Tintlinge erscheinen von April bis November an Wegrändern, in Gärten und Parks, seltener in Laubwäldern.
Wissenswertes Falten-Tintlinge sind essbar, solange die Hüte noch geschlossen und die Lamellen weißlich bis blassgrau sind. In Verbindung mit Alkohol ist der Pilz allerdings unverträglich und kann dann zu schweren Vergiftungserscheinungen führen. Daher darf man zwei Tage vor und drei Tage nach einer Mahlzeit mit diesem Pilz keinerlei Alkohol konsumieren!

Auf Wiesen und in Gärten

Tipp für unterwegs

Sie sollten den Frühen Ackerling nicht in schattigen Wäldern suchen – er bevorzugt lichte und sonnige Standorte.

Typisch sind die Wurzelstränge.

Früher Ackerling, Voreilender Ackerling
Agrocybe praecox

Merkmale Der Frühe Ackerling hat einen 3–6 cm breiten, anfangs halbkugeligen, später gewölbten bis flachen, oft gebuckelten Hut von schmutzig ockerbräunlicher Farbe. Die Lamellen sind bei jungen Pilzen weißlich, alt jedoch schmutzig bräunlich. Der faserige, weißliche Stiel ist 4–7 cm lang und trägt einen häutigen Ring. Die Stielbasis ist oft von weißen Myzelfäden umgeben.
Vorkommen Der Frühe Ackerling erscheint von April bis Juni gerne an Schutt- und Brachflächen, in Gärten und Parkanlagen.
Wissenswertes Der Pilz ist zwar essbar, gehört aber nicht zu den kulinarischen Genüssen: Die Stiele sind zäh, das dünne Fleisch unergiebig und oft etwas bitterlich. Bisweilen findet man ihn auch an lichten, grasigen Stellen im Wald, doch sind die menschlich beeinflussten Standorte sein bevorzugtes Biotop. Trotz leichter Bitterkeit wird er manchmal gesammelt.

Tipp für unterwegs

Den Heu-Düngerling finden Sie in oft großer Anzahl nach Regenfällen auf gedüngten, frisch gemähten Grünflächen.

Heu-Düngerling
Panaeolus foenisecii (Panaeolina foenisecii)

Merkmale Der Heu-Düngerling ist ein kleiner, rot- bis gelbbrauner Pilz. Der 1–2,5 cm breite Hut ist anfangs kegelförmig, später flach gewölbt. Feucht hat er einen lilabraunen Beiton, trocken ist er heller braun mit deutlichem Rand. Die Lamellen sind zunächst blass graubraun, dann marmoriert purpur- bis schwarzbraun. Der Stiel ist 4–8 cm lang und blasser als der Hut.
Vorkommen Heu-Düngerlinge wachsen von Mai bis Oktober auf grasigen Plätzen, oft direkt nach der Mahd.
Wissenswertes Heu-Düngerlinge, die in Italien oder Nordamerika wachsen, sollen Spuren eines halluzinogenen Stoffes *(Psilocybin)* enthalten. Ob das bei den bei uns vorkommenden Pilzen auch der Fall ist, ist bisher noch umstritten. Offenbar schwankt aber der Gehalt dieses Stoffes von Pilz zu Pilz, so dass es auch bei uns Vergiftungen mit dieser Art geben kann.

Auf Wiesen und in Gärten

Riesenbovist, Gemeiner Riesenbovist
Langermannia gigantea (Calvatia gigantea)

Tipp für unterwegs
Der Riesenbovist nimmt giftige Substanzen auf und reichert sie an – meiden Sie daher mit Pestizid behandelte oder belastete Flächen.

Merkmale Der weiße bis cremefarbene Fruchtkörper des Riesenbovists ähnelt von weitem einem Fußball. Der kugelförmige, leicht abgeplattete Fruchtkörper ist von einer derben, lederartigen Außenhaut umgeben, die sich mit zunehmendem Alter gelbbraun verfärbt und bei alten Exemplaren papierartig aufbricht und sich ablöst. Das Fleisch ist bei jungen Bovisten weiß und porös, aber fest.
Vorkommen Riesenboviste erscheinen von Juni bis September auf nährstoffreichen Wiesen, Weiden, Feldern und Gärten.
Wissenswertes Es kommt nicht selten vor, dass der Riesenbovist enorme Ausmaße entwickelt und in Ausnahmefällen bis 25 kg schwer werden kann. Essbar ist der Pilz, solange das Fleisch noch fest und weiß ist. Alt verfärbt er sich langsam über Grüngelb nach Olivbraun, wird locker und watteartig bis pulverig. In diesem Zustand kann er nicht mehr verzehrt werden.

Im Alter blättert die Außenhülle ab.

Wiesen-Staubbecher
Vascellum pratense

Tipp für unterwegs
Der Wiesen-Staubbecher ist jung, also so lange er innen weiß ist, essbar. Er schmeckt jedoch fad, lassen Sie ihn daher lieber stehen.

Merkmale Der Wiesen-Staubbecher hat einen 2–4 cm breiten, rundlichen bis birnenförmigen Fruchtkörper mit abgeflachtem Scheitel und einem kurzen, gedrungenen Stielabschnitt. Die weißliche bis cremefarbene Oberfläche ist mit Wärzchen besetzt. Die Öffnung am Scheitel reißt bald auf und weitet sich aus. Die Fruchtmasse ist jung weißlich und fest, alt jedoch olivbraun und staubig.
Vorkommen Wiesen-Staubbecher erscheinen von Juli bis Oktober auf Rasenflächen, Wiesen und Weiden.
Wissenswertes Typisches Merkmal ist die im Schnitt sichtbare dünne Membran, die den fruchtbaren Teil des Pilzes vom unfruchtbaren trennt, so wie dies auch bei den Stäublingen, nicht aber bei den Bovisten der Fall ist. Daher bleibt dann bei reifen Exemplaren zum Schluss die becherförmige Basis übrig, die man häufig noch bis ins nächste Jahr finden kann.

Am Holz

Pilze, die auf Holz siedeln, sind oft groß und leuchtend gefärbt wie der Schwefelporling. Manche kommen in unübersehbaren Mengen vor wie Hallimasch oder Sparriger Schüppling. Viele sind ungenießbar, einige versprechen aber eine schmackhafte Ausbeute wie Austern-Seitling oder Stockschwämmchen.

Am Holz

Austern-Seitling, Austernpilz
Pleurotus ostreatus

Tipp für unterwegs
Wenn Sie den Austern-Seitling suchen, dann sollten Sie ab dem Spätherbst Ihre Blicke an geschädigten Bäumen hinaufwandern lassen.

Merkmale Der Austern-Seitling bildet dichte, treppenförmig angeordnete Büschel, die an eine Austernbank erinnern. Der muschelförmige Hut ist 5–15 cm breit und kann graulila, graubraun oder blau- bis schiefergrau sein. Die am Stiel herablaufenden Lamellen sind jung weiß, später gelblich. Der kurze Stiel sitzt fast seitlich am Hut. Das weiße Fleisch wird bald zäh und faserig.
Vorkommen Austernseitlinge erscheinen von Oktober bis März an Stämmen und Stümpfen von Laubbäumen.
Wissenswertes Der Pilz kann mit dem ungenießbaren Gelbstieligen Muschelseitling verwechselt werden, der zur gleichen Jahreszeit an Laub- und Nadelholz wächst. Meist wächst der Austern-Seitling an noch stehenden Buchen, die vom Blitz getroffen wurden oder einen Hauptast verloren haben. Sehr selten kann man ihn auch an liegenden Nadelholzstämmen finden.

Gelbstieliger Muschelseitling
Sarcomyxa serotina (Panellus serotinus)

Tipp für unterwegs
Bei Unsicherheit, ob Sie einen Austern-Seitling oder einen Muschelseitling vor sich haben, sehen Sie nur den Stiel an: Austern-Seitlinge haben keine gelben Stiele.

Merkmale Der Gelbstielige Muschelseitling bildet 3–10 cm breite, muschel- bis nierenförmige Hüte, die olivgrün, olivgelb oder gelbbraun und im feuchten Zustand schleimig schmierig sind. Die gedrängt stehenden Lamellen sind blass- bis ocker-, manchmal auch orangegelb. Der kurze Stiel sitzt seitlich und ist gelb (Name!) mit feinen bräunlichen Schuppen. Das Fleisch ist blassgelb und bitterlich.
Vorkommen Der Pilz wächst im Spätherbst und Winter auf abgestorbenen Stämmen und Stümpfen verschiedener Laubhölzer.
Wissenswertes Der Gelbstielige Muschelseitling hat ein fleischiges, weiches, aber bitter schmeckendes Fleisch, weshalb er als ungenießbar eingestuft wird. Zudem enthält er ungesunde Inhaltsstoffe wie beispielsweise Benzolverbindungen, so dass auch milde Exemplare nicht gegessen werden sollten. Manchmal wächst er am selben Stamm wie der Austern-Seitling.

Die Fruchtkörper sind zungen- bis muschelförmig.

Am Holz

Tipp für unterwegs

Auf Stinkschwindlinge werden Sie schon bald aufmerksam: Sie stinken auffallend nach faulem Kohl.

Gemeiner Stinkschwindling
Micromphale foetidum (Marasmius foetidus)

Merkmale Der Gemeine Stinkschwindling trägt einen kleinen, rotbräunlichen Hut, der rasch flach aufschirmt und deutlich radial gefurcht ist. Die Lamellen stehen weit auseinander und sind heller als der Hut. Der Stiel ist 1,5–5 cm lang und schwarzbraun. Das Fleisch ist bräunlich und auffallend zäh.
Vorkommen Stinkschwindlinge wachsen von Mai bis November auf Totholz von Laubbäumen.
Wissenswertes Trotz seiner kleinen Fruchtkörper ist diese Art relativ auffällig, weil sie stets in größeren Gruppen vorkommt. Schon sein Geruch zeichnet den Pilz als ungenießbar aus, das zähe Fleisch wirkt ebenfalls kaum einladend.

Tipp für unterwegs

Wo das Breitblatt wächst, können Sie davon ausgehen, dass Holz verborgen am Boden liegt oder vergraben ist.

Breitblättriger Holzrübling, Breitblatt
Megacollybia platyphylla

Merkmale Der Breitblättrige Holzrübling ist ein relativ großer Holzzersetzer mit auffallenden Myzelsträngen an der Stielbasis (→ Bild). Sein 5–15 cm breiter Hut ist graubraun und radialfaserig. Die entfernt stehenden, weißen Lamellen sind sehr breit. Der faserige, weißliche Stiel ist 5–15 cm lang.
Vorkommen Das Breitblatt erscheint von Mai bis Oktober an morschen Laub- und Nadelholzstümpfen.
Wissenswertes Das Fleisch ist nahezu ungenießbar, weil es muffig schmeckt. Immer wieder hört man auch davon, dass manche Personen ihn nicht vertragen. Daher sollten Sie auf ihn verzichten, auch wenn er manchmal nahezu die einzige Pilzart im Wald ist.

Tipp für unterwegs

Wo Buchenstämme in luftfeuchter Lage verrotten, da können Sie den Gelbstieligen Nitrat-Helmling in Mengen antreffen.

Gelbstieliger Nitrat-Helmling
Mycena renati

Merkmale Der Gelbstielige Nitrat-Helmling trägt einen kegeligen, 1–3 cm breiten, rosa-bräunlichen Hut mit dunklerer Mitte und gerieftem Rand. Die Lamellen sind anfangs weißlich, später blass rosafarben. Die dünnen Stiele sind gelbbraun bis orangegelb und an der Basis zu dichten Büscheln verwachsen.
Vorkommen Dieser Helmling erscheint von Mai bis September an morschem Laubholz.
Wissenswertes Neben dem auffallend gelben Stiel ist vor allem der chlorartige Geruch kennzeichnend, den besonders junge Pilze aufweisen. Er besiedelt in erster Linie morsches, starkes Buchenholz.

Am Holz

Tipp für unterwegs

Den Samtfußrübling finden Sie bevorzugt in Auwäldern, wo er mit Vorliebe Stümpfe von Kopfweiden besiedelt.

Samtfußrübling, Winterrübling
Flammulina velutipes

Merkmale Der Samtfußrübling ist einer der wenigen essbaren Pilze, die auch noch bei Schnee wachsen. Da fallen seine honiggelben bis orangebraunen, 2–6 cm breiten Hüte besonders auf. Die Lamellen sind breit am Stiel angewachsen, jung gelblich weiß, später blass orangegelb. Der 2–7 cm lange Stiel ist jung weißgelblich und samtig, bald von unten her aber braun bis braunschwarz.
Vorkommen Samtfußrüblinge wachsen von Oktober bis April an Totholz und Stümpfen von Laubbäumen.
Wissenswertes Wenn Sie gefrorene Exemplare sammeln, sollten Sie darauf achten, dass das Fleisch nach dem Auftauen fest und knackig ist. Verwenden Sie keine weichen Pilze. In der asiatischen Küche ist dieser Pilz als „Enoki-Take" bekannt und wird sehr gerne verwendet. Dabei werden die Pilze so gezüchtet, dass sie lange Stiele ausbilden, die wie Spaghetti aussehen.

Tipp für unterwegs

Der leuchtende Gesellige Glöckchennabeling kommt oftmals zu Hunderten an einer Stelle vor und ist dann kaum zu übersehen.

Geselliger Glöckchennabeling
Xeromphalina campanella

Merkmale Der Gesellige Glöckchennabeling ist zwar klein, kann aber, weil er in großen Mengen wächst, dennoch kaum übersehen werden. Die kleinen, dünnfleischigen, orangegelben bis rostbraunen Hüte haben eine genabelte Mitte. Der Hutrand ist gerieft. Die gelbbräunlichen Lamellen laufen am Stiel herab. Der dünne, 1,5–3 cm lange Stiel ist oben gelb-, zur Basis hin rostbraun.
Vorkommen Der Glöckchennabeling erscheint vom Vorfrühling bis zum Herbst dicht gedrängt auf morschem Nadelholz.
Wissenswertes Zur kleinen Gattung der Glöckchennabelinge gehören in Deutschland nur vier Arten. Allen gemeinsam ist ein genabelter Hut, zähe Stiele, herablaufende Lamellen und bitteres Fleisch. Unter ihnen ist nur der Gesellige Glöckchennabeling häufig, doch trifft das ausschließlich auf die höheren Lagen zu. Im Flachland werden Sie ihn meist vergeblich suchen.

Die Lamellen sind queradrig miteinander verbunden.

Am Holz

Tipp für unterwegs

Sie erkennen den kleinen bis mittelgroßen, zerbrechlichen Pilz an seinem weiß behangenen Hutrand (→ Bild).

Behangener Faserling
Psathyrella candolleana

Merkmale Der Behangene Faserling trägt einen cremefarbenen, 2–7 cm breiten, jung stumpf gebuckelten, dann verflachenden Hut. Die Lamellen sind auffallend eng stehend und grau-lila. Der weißliche Stiel ist an der Basis etwas verdickt und weißfilzig. Das dünne Fleisch ist weißlich.
Vorkommen Die Pilze erscheinen von Mai bis Oktober an Waldrändern, in Gärten und Parks.
Wissenswertes Zwar schmeckt der Behangene Faserling gar nicht schlecht, aber das sehr dünne, zerbrechliche Fleisch macht ihn zum Sammeln eher ungeeignet. Meist wächst er auf vergrabenen Holzresten, manchmal sogar direkt auf Holz.

Tipp für unterwegs

Mit seinem leuchtend grünen, schmierigen Hut können Sie diesen Pilz kaum verwechseln.

Auch das Fleisch ist blaugrün.

Grünspan-Träuschling
Stropharia aeruginosa

Merkmale Der Grünspan-Träuschling ist ein sehr schöner Pilz. Der 3–6 cm breite, stumpf gebuckelte Hut ist glänzend grün bis blaugrün und jung mit weißen Flöckchen bedeckt. Die Lamellen sind grau- bis violettbraun. Der blass blaugrüne, unten weißflockige Stiel ist 5–10 cm lang und trägt einen Ring.
Vorkommen Er kommt von August bis November in Laub- und Nadelwäldern vor.
Wissenswertes Der Pilz wurde früher gegessen, gilt bei manchen aber als ungenießbar. Man kann ihn jedoch in Einzelexemplaren ins Mischgericht nehmen, ohne dass er unangenehm auffällt.

Tipp für unterwegs

Ziegelrote Schwefelköpfe sehen verlockend aus und versprechen eine gute Ernte. Sie sind aber ungenießbar.

Ziegelroter Schwefelkopf
Hypholoma lateritium (H. sublateritium)

Merkmale Der 4–10 cm breite, stumpf gebuckelte Hut dieses Schwefelkopfes ist ziegelrot gefärbt (Name!) und wird zum Rand hin heller. Die Lamellen sind erst hellgelb, dann grau- bis olivbraun. Die langen, gelben Stiele sind oftmals büschelig verwachsen (→ Bild).
Vorkommen Die Pilze erscheinen von August bis Dezember auf totem Laubholz.
Wissenswertes Der Pilz gilt manchmal als essbar. Er ist in der Tat nicht giftig, schmeckt aber unangenehm bitterlich. Manche Personen denken, dass sein Genuss gegen Rheuma hilft, dafür gibt es aber keine medizinische Bestätigung.

Am Holz

Tipp für unterwegs

Die Pilze wachsen büschelig in großer Anzahl. Sammeln Sie nur die Hüte, die Stiele sind zäh.

Auch das Fleisch ist bräunlich.

Stockschwämmchen
Kuehneromyces mutabilis (Pholiota mutabilis)

Merkmale Stockschwämmchen sind je nach Alter und Witterung unterschiedlich gefärbt. Die Hüte sind 3–8 cm breit und gewölbt. Feucht sind sie gelbbraun mit dunklerer Randzone, bei Trockenheit ledergelb. Die Lamellen sind rost- bis dunkelbraun. Die 3–8 cm langen Stiele tragen einen vergänglichen Ring. Oberhalb ist der Stiel gelbbräunlich, unterhalb mit braunen Schüppchen bedeckt.
Vorkommen Stockschwämmchen wachsen von Mai bis Dezember v. a. an Laubholzstümpfen, seltener an Nadelholz.
Wissenswertes Stockschwämmchen sind ergiebige und wohlschmeckende Pilze. Der ähnliche Gift-Häubling kann am silbrig weiß längs überfaserten Stiel unterschieden werden, der beim Stockschwämmchen braun feinschuppig ist. Auch der Geruch der beiden Arten ist etwas unterschiedlich: angenehm pilzig beim Stockschwämmchen, unangenehm muffig mehlig beim Gift-Häubling.

Tipp für unterwegs

Weder wachsen Gift-Häublinge nur an Nadel-, noch Stockschwämmchen nur an Laubholz! Achten Sie daher sehr genau auf die Unterschiede.

Gift-Häubling, Nadelholz-Häubling
Galerina marginata

Merkmale Der Gift-Häubling hat einen 1,5–4 cm breiten, jung gewölbten, später flachen Hut. Feucht ist er honigbraun mit fein gerieftem Rand, bei Trockenheit hell gelbbraun. Die Lamellen sind jung zimtbraun, alt rostbraun. Der dünne, faserige Stiel ist 2–7 cm lang, ockerbraun und trägt einen vergänglichen Ring. Er ist unter dem Ring weißlich überfasert und nicht beschuppt.
Vorkommen Der Gift-Häubling kommt von Juli bis November auf morschem Nadel- oder Laubholz vor.
Wissenswertes Der Pilz ist tödlich giftig. Er enthält Amatoxine, also dieselben Giftstoffe, die auch in den Knollenblätterpilzen enthalten sind. Meist wächst er gesellig oder zu wenigen in kleinen Büscheln, doch manchmal kann er auch größere Büschel bilden. Es kann sogar vorkommen, dass Stockschwämmchen und Gift-Häubling am selben Holzstück vorkommen!

Am Holz

Tipp für unterwegs

Wo Pappeln gefällt wurden, können Sie an deren Schnittflächen mit dem Pappel-Schüppling rechnen.

Pappel-Schüppling
Pholiota populnea (P. destruens)

Merkmale Der Pilz trägt einen 5–15 cm breiten, polsterförmig gewölbten, grau- bis gelbbraunen Hut mit tonfarbenen, später braunen Lamellen. Der kompakte, weißliche bis hellbraune Stiel ist 5–10 cm lang und trägt einen vergänglichen Ring. Hut und Stiel sind mit wolligen, weißen Schuppen bedeckt.
Vorkommen Der Pilz erscheint im Spätherbst an totem Laubholz, vor allem Pappelholz.
Wissenswertes Der Pilz sieht lecker aus und erinnert etwas an den Zuchtpilz Shii-Take. Er schmeckt aber bitter und kann sogar Übelkeit verursachen. Sie sollten ihn daher meiden.

Tipp für unterwegs

Achten Sie auf die Stielschuppen, um ihn nicht mit dem Hallimasch (→ S. 100) zu verwechseln.

blass gelbes Fleisch

Sparriger Schüppling
Pholiota squarrosa

Merkmale Der 4–8 cm breite, glockig gewölbte, gelb- bis hellbraune Hut und die 7–15 cm langen, oftmals büschelig verwachsenen Stiele des Sparrigen Schüpplings sind mit rostbraunen Schuppen übersät. Der Hutrand ist dicht fransig behangen. Lamellen gedrängt stehend, jung blass olivgelb, alt olivbraun.
Vorkommen Die Pilze erscheinen von September bis November am Fuße von Laub- oder Nadelbäumen.
Wissenswertes Der Sparrige Schüppling lebt parasitisch an lebenden Bäumen, kann aber auch als Zersetzer an Totholz existieren. Sein Fleisch ist schwer verdaulich, etwas bitter und kann Magen-Darm-Beschwerden verursachen.

Tipp für unterwegs

Bei Feuchtigkeit können Sie die schleimigen Pilzhüte im Wald kaum übersehen.

Tonblasser Schüppling
Pholiota lenta

Merkmale Der Tonblasse Schüppling ist im Ganzen tonfarben (Name!). Der schmierig schleimige, 3–6 cm breite Hut ist abgeflacht, der Hutrand lange heruntergebogen. Der 3–7 cm lange Stiel ist unter der flüchtigen, von Sporenstaub oft bräunlichen Ringzone faserschuppig, verkahlt aber im Alter.
Vorkommen Der Pilz erscheint im Spätherbst an Totholz von Laubbäumen.
Wissenswertes Der Pilz gilt wie eigentlich alle Schüpplinge als bitter und damit als ungenießbar. Giftstoffe sind zwar nicht nachgewiesen, dennoch sollten Sie ihn vorsichtshalber meiden.

Am Holz

Tipp für unterwegs

An Stämmen und Ästen vom Schwarzen Holunder findet man das Judasohr bei feuchtem Wetter besonders gerne.

Judasohr, Ohrlappenpilz
Auricularia auricula-judae

Merkmale Das Judasohr bildet muschel- bis ohrförmige, 3–12 cm breite und bis 7 cm vom Substrat abstehende Fruchtkörper aus. Die samtig bis filzige Oberfläche ist purpurbraun, die Unterseite ebenso, jedoch glatt und glänzend. Das Fleisch ist dünn, knorpelig, geruchlos und schmeckt mild. Trockene Pilze sind hornartig hart, quellen bei Feuchtigkeit aber wieder auf.
Vorkommen Judasohren wachsen ganzjährig an totem Holz, vor allem an Holunder und Buche.
Wissenswertes In Asien wird das Judasohr in großen Mengen auf einem ganz speziellen Substrat aus verschiedenen Holzsorten gezüchtet. Bei uns erscheinen diese Pilze getrocknet als „Mu Err" im Handel bzw. begegnen uns als „Chinesische Morcheln" in den China-Restaurants. Auch wenn sie eigentlich keinen eigenen Geschmack haben, sind sie wegen ihrer bissfesten Konsistenz recht beliebt.

Tipp für unterwegs

Vorsicht: Junge Stäublinge können mit ganz jungen Fruchtkörpern von Fliegenpilzen und Knollenblätterpilzen verwechselt werden.

Birnen-Stäubling
Lycoperdon pyriforme

Merkmale Der Birnen-Stäubling hat einen birnenförmigen (Name!) Fruchtkörper, der bis 5 cm hoch und bis 3,5 cm breit ist. Die fast glatte Außenhülle des Pilzes ist bei jungen Exemplaren weißlich, bei älteren bräunlich. Die Fruchtmasse ist bei jungen Exemplaren weiß und fest, wird mit zunehmendem Alter jedoch gelbgrün, bei reifen Pilzen ist sie olivbraun und staubig.
Vorkommen Birnen-Stäublinge wachsen von August bis November auf morschem Holz und Holzabfällen.
Wissenswertes Birnen-Stäublinge riechen unangenehm nach Gas und sind nur in ganz jungem Zustand mit noch fester Fruchtmasse essbar. Sie wachsen meist büschelig und oft zu Hunderten auf sehr morschen Holzresten, bisweilen sogar auf Laubholzstubben. Neben der glatten Oberfläche sind auch die auffallenden weißen Wurzelstränge ein gutes Merkmal für diese Art.

Der Fruchtkörper ist in Hut- und Stielteil gegliedert.

Am Holz

Tipp für unterwegs
Den Birken-Porling können Sie gar nicht verwechseln, da er ausschließlich an Birken vorkommt.

Birken-Porling
Piptoporus betulinus

Merkmale Birken-Porlinge brechen knollig aus dem befallenen Substrat hervor und bilden dann halbkreisförmige Polster. Die Oberseite ist zunächst weißlich, wird dann aber lederfarben bis graubraun. Die Röhren und Poren auf der Unterseite sind weißlich und jung von einer Haut überzogen.
Vorkommen Die Pilze wachsen ganzjährig an toten Birken.
Wissenswertes Die Gletschermumie „Ötzi" hatte diesen Pilz bei sich. Es ist unklar, ob wegen seiner vorgeblich kräftigenden Wirkung oder als Wundstillmittel. Auch heute noch wird er bisweilen zur Kräftigung des Allgemeinzustandes als Tee genutzt.

Tipp für unterwegs
Junge Schwefel-Porlinge erkennen Sie schon von weitem an ihren gelben Fruchtkörpern.

Die feinen Poren sind arttypisch.

Schwefelporling
Laetiporus sulphureus

Merkmale Der Schwefelporling bildet unregelmäßig gewellte, halbkreisförmige Hüte aus, die meist dachziegelartig übereinanderliegen und jung leuchtend schwefelgelb sind. Älter werden sie orangegelb, alt blassen sie aus. Das Fleisch ist jung saftig, alt dagegen kreideartig brüchig.
Vorkommen Schwefelporlinge erscheinen von Mai bis September an toten und lebenden Bäumen.
Wissenswertes So schön der Pilz ist, so gefährlich ist er für seinen Wirt: Er verursacht im befallenen Holz eine Braunfäule, die den Baum aushöhlt. Splintholz und Rinde werden kaum angegriffen, so dass der schon „todkranke" Baum noch lange stehen bleibt.

Tipp für unterwegs
Wo Buchen wachsen, finden Sie oft auch die imposanten rotbraun gezonten Fächer des Riesenporlings.

Riesenporling
Meripilus giganteus

Merkmale Der Riesenporling bildet aus flachen, halbkreisförmigen, am Rand gewellten Einzelhüten einen Sammelfruchtkörper, der bis zu einem Meter Durchmesser haben kann und bis 70 kg schwer wird. Das gelbliche, jung saftige Fleisch schwärzt auf Druck oder beim Trocknen.
Vorkommen Riesenporlinge wachsen von Juli bis Oktober an Rotbuchen, selten an anderen Laubhölzern.
Wissenswertes Spätestens im November fallen die stattlichen Fruchtkörper zusammen. Der Pilz ist über viele Jahre standorttreu. In sehr jungem Stadium ist er essbar, doch wenig schmackhaft. Bisweilen verwendet man die jungen Fruchtkörper für Pilzpulver.

In Feuchtgebieten

Feuchtgebiete, Moore und Gewässerränder sind Lebensräume, in denen ganz besondere Pflanzen und Tiere leben – ein Paradies für jeden Naturfreund. Und da Pilze fast überall vorkommen, wachsen natürlich auch hier spezielle Arten: Erlen-Grübling, Moor-Röhrling und Kegelhütiger Knollenblätterpilz.

In Feuchtgebieten

Tipp für unterwegs

Sie müssen schon ein Glückspilz sein, wenn Sie diesen seltenen Pilz finden. Er wächst nur in Feuchtgebieten mit Erlen.

Erlen-Grübling
Gyrodon lividus

Merkmale Der Erlen-Grübling hat einen 3–10 cm breiten, oft unregelmäßig verbogenen Hut mit samtartig matter Oberfläche. Der Hut ist strohgelb bis gelbbraun gefärbt. Die kurzen, etwas am Stiel herablaufenden Röhren sind zunächst zitronengelb, später grüngelblich und kaum ablösbar. Sie verfärben sich bei Berührung bläulich. Der blassgelbe Stiel ist 3–10 cm lang und oft verbogen.
Vorkommen Erlen-Grüblinge erscheinen von August bis Oktober in Auwäldern, in Uferzonen und in Mooren.
Wissenswertes Der Erlen-Grübling genießt in Deutschland gesetzlichen Schutz. Er schmeckt sowieso nicht besonders gut, so dass man getrost auf ihn als Speisepilz verzichten kann. Der Pilz lebt in enger Partnerschaft *(Mykorrhiza)* mit der Schwarz- und Grau-Erle zusammen und wächst vor allem in stark bedrohten Biotopen wie Erlenbrüchen oder verlandenden Seeufern.

Tipp für unterwegs

Um den Pilz zu finden, müssen Sie an warmen Sommertagen nur Ihrer Nase nachgehen, wenn es im Moor würzig nach Maggi riecht.

Filziger Milchling, Bruch-Milchling
Lactarius helvus

Merkmale Der Filzige Milchling trägt einen 3–15 cm breiten, zunächst flach gewölbten, später trichterförmigen Hut. Junge Hüte sind fleischockerlich, ältere ledergelb bis gelblich braun. Typisch für diesen Pilz: Der Hut ist mit zahlreichen filzigen Schüppchen bedeckt (Name!). Die Lamellen sind zunächst weißgelblich, später dann orangeocker. Der hutfarbene Stiel ist 2–12 cm lang.
Vorkommen Filzige Milchlinge erscheinen von Juli bis Oktober in feuchten Fichten- und Kiefernwäldern sowie in Mooren.
Wissenswertes Der Maggipilz ist der einzige Milchling, der in größeren Mengen genossen giftig ist. Er verursacht – besonders roh genossen – Übelkeit, Durchfall und Erbrechen. In kleinen Mengen, getrocknet als Würzpulver, kann man ihn jedoch gut verwenden. Man erkennt die Art neben ihrem Geruch auch an der wasserklaren Milch.

Auch das Fleisch ist cremeocker-farbig.

In Feuchtgebieten

Tipp für unterwegs

Die Stellen im Moor, an denen Sie den seltenen Moor-Röhrling finden können, sind meist nur mit Gummistiefeln erreichbar.

Moor-Röhrling
Suillus flavidus

Merkmale Jung hat der Moor-Röhrling einen ocker- bis fast zitronengelben, kegeligen Hut, dessen Rand mit schleimigen Hüllresten besetzt ist. Alt ist er schmutzig gelb und flach gewölbt bis ausgebreitet, oft mit niederem Buckel. Die gold- bis schmutzig gelben Poren verfärben sich auf Druck nicht. Der schlanke Stiel ist bis 8 cm lang und trägt einen gelblichen schleimigen Ring.
Vorkommen Moor-Röhrlinge kommen von Juli bis Oktober in Mooren bei Kiefern vor.
Wissenswertes Da der Moor-Röhrling sehr selten ist und durch Biotopverluste weiterhin seltener wird, sollten Sie ihn stehen lassen und schonen. Er schmeckt sowieso recht fade und eher säuerlich, trotz des angenehmen Geruches. Vom ähnlichen Kuh-Röhrling (→ S. 84) unterscheidet er sich vor allem durch die kleine schleimige Ringzone und durch gelbere Poren.

Tipp für unterwegs

Wenn Sie wissen, wo Kartoffelboviste wachsen, dann halten Sie hier Ausschau nach dem Schmarotzer-Röhrling.

Die Stiele sind stets gebogen.

Schmarotzer-Röhrling
Xerocomus parasiticus

Merkmale Der Schmarotzer-Röhrling ist ein kleiner Röhrling mit einem 2–6 cm breiten, polsterförmigen, gelb- bis olivbraunen Hut. Alte Hüte sind oftmals rissig. Junge Poren sind gelblich, alte olivbräunlich. Der kräftige Stiel ist 3–6 cm lang, gelb- oder orangebraun und längsfaserig mit bräunlichen Schüppchen. Das Fleisch ist gelblich und bleibt auf Druck unveränderlich.
Vorkommen Der Schmarotzer-Röhrling kommt vom Sommer bis zum Herbst auf Dickschaligen Kartoffel-Hartbovisten vor.
Wissenswertes Der Schmarotzer-Röhrling ist eine sehr seltene Pilzart mit ungewöhnlicher Lebensweise. Die von ihm befallenen Boviste werden schwach, können sich nicht mehr weiterentwickeln und sterben ab. Mit dem Tod des Wirtes endet auch das Leben des Schmarotzers. Trotz der Giftigkeit seines Wirtes ist der Schmarotzer-Röhrling essbar, wenn auch wenig schmackhaft.

In Feuchtgebieten

Kegelhütiger Knollenblätterpilz
Amanita virosa

Tipp für unterwegs
Noch einmal: Lassen Sie die Finger von hellhütigen Pilzen mit weißen Lamellen, einer Knolle und Scheide und beringtem Stiel!

Merkmale Der Kegelhütige Knollenblätterpilz ist in allen Teilen weiß. Auf einem 6–15 cm langen Stiel sitzt ein 5–10 cm breiter, glockiger Hut, der alt in der Mitte etwas gelblich sein kann. Der schlanke Stiel weist einen dünnen, recht vergänglichen Ring auf. Darunter ist der Stiel flockig schuppig. Der Stiel endet in einer Knolle, die in einer häutigen, anliegenden Scheide steckt.
Vorkommen Dieser Knollenblätterpilz wächst von Juli bis September in sauren, feuchten Nadelwäldern und Mooren.
Wissenswertes Neben seinem Lieblingsbiotop, Moorrändern, findet man ihn selten auch in sauren Laubwäldern unter Birken oder Buchen. Er ist ein typischer „Sommerpilz", der nur selten noch bis in den Oktober hinein vorkommt. Der Kegelhütige Knollenblätterpilz gehört zu den tödlich giftigen Pilzen, ist aber eher selten, so dass kaum einmal Vergiftungen vorkommen.

Stielbasis knollig mit eng anliegender Volva

Kirschroter Speitäubling
Russula emetica var. *emetica*

Tipp für unterwegs
Lassen Sie sich von dem angenehm fruchtigen Geruch nicht verführen – eine kleine Kostprobe brennt höllisch auf der Zunge.

Merkmale Dieser hübsche, mittelgroße Täubling kann nicht übersehen werden. Er trägt einen 4–10 cm breiten gewölbten bis abgeflachten, leuchtend blut- bis kirschroten Hut, der in lebhaftem Kontrast zu den weißen Lamellen und dem weißen Stiel steht. Die Lamellen sind, wie für Täublinge typisch, sehr brüchig. Der zylindrische Stiel ist 5–8 cm lang und ebenfalls brüchig.
Vorkommen Der Kirschrote Speitäubling erscheint von Juli bis November in Moor- und feuchten Nadelwäldern.
Wissenswertes Dieser Pilz gehört zu einer Gruppe von rothütigen Täublingen, die sich fast alle durch einen brennend scharfen Geschmack auszeichnen, der ganz bestimmt vom Verzehr abhält. Diese Schärfe wandelt sich beim Kochen in Bitterkeit um, so dass man ihn noch nicht mal als Pfefferersatz verwenden kann. Er würde zudem heftige Magen-Darm-Probleme auslösen.

In Feuchtgebieten

Tipp für unterwegs

Den Birken-Speitäubling finden Sie auf feuchten bis nassen Böden unter Birken, meist im Moos.

Birken-Speitäubling
Russula betularum

Merkmale Der Birken-Speitäubling ist der kleinere und hellere Verwandte des Kirschroten Speitäublings. Der 2–5 cm breite, sehr zerbrechliche Hut ist bei jungen Exemplaren blassrosa mit blass gelbbrauner bis ockerfarbener Mitte, alte Pilze blassen fleckig aus und sind dann cremefarben bis weißlich. Der weiße, brüchige Stiel ist 3–6 cm lang und zylindrisch oder schmal keulenförmig.

Vorkommen Birken-Speitäublinge erscheinen von Juli bis Oktober einzeln bis gesellig in Moorwäldern.

Wissenswertes Auch der Birken-Speitäubling ist von brennend scharfem Geschmack, und kaum jemand wird ihn als Speisepilz verwenden. Er enthält Giftstoffe, die Bauchschmerzen, Erbrechen und lang anhaltende heftige Durchfälle verursachen, daher der Name „Speitäubling". Die Vergiftungserscheinungen treten eine halbe bis drei Stunden nach dem Verzehr auf.

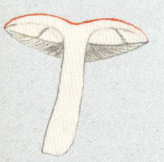

Bis auf die rote Huthaut sind alle Fruchtkörperteile weiß.

Tipp für unterwegs

Freuen Sie sich, wenn Sie im Torfmoos auf diesen Saftling stoßen – der Pilz ist nur noch selten anzutreffen.

Schuppiger Moor-Saftling
Hygrocybe coccineocrenata

Merkmale Der Schuppige Moor-Saftling trägt einen 1–3 cm breiten, zunächst gewölbten, später kreiselförmigen Hut, der bei jungen Exemplaren rot gefärbt ist, bei älteren orangegelb ausblasst. Der Hutrand ist oft gekerbt. Die breit am Stiel angewachsenen, weit auseinanderstehenden Lamellen sind blassgelb. Der 3–7 cm lange glänzende Stiel ist orangegelb bis orangerot.

Vorkommen Der Schuppige Moor-Saftling erscheint vom Sommer bis zum Herbst in lichten Mooren.

Wissenswertes Saftlinge sind glasig wirkende, meist lebhaft gelb, orange bis rot gefärbte kleine Pilze mit auseinanderstehenden dicken Lamellen. In Deutschland sind alle Saftlings-Arten aufgrund ihrer Seltenheit geschützt. Ihr Rückgang ist vor allem durch den zunehmenden Stickstoffeintrag zu erklären, gegen den alle Saftlinge sehr empfindlich reagieren.

Service

Zum Weiterlesen

Beiser, Rudi: Essbare Wildkräuter und Wildbeeren für unterwegs
Kosmos Verlag, 2012

Dorsch, Heike: Kosmos Blumenführer für unterwegs
Kosmos Verlag, 2012

Dreyer, Eva Maria: Essbare Wildpflanzen Europas
Kosmos Verlag, 2010

Gminder, Andreas: Handbuch für Pilzsammler
Kosmos Verlag, 2008

Hecker, Katrin und Hecker, Frank: Kosmos Vogelführer für unterwegs
Kosmos Verlag, 2012

Langer, Ewald: Ab in die Pilze
Kosmos Verlag, 2013

Laux, Hans E.: Der große Kosmos Pilzführer
Kosmos Verlag, 2010

Laux, Hans E.: Essbare Pilze und ihre giftigen Doppelgänger
Kosmos Verlag, 2012

Mayer, Joachim: Kosmos Baumführer für unterwegs
Kosmos Verlag, 2013

Oftring, Bärbel: Ab in den Wald
Kosmos Verlag, 2011

Pätzold, Walter und Laux, Hans E.: 1 mal 1 des Pilzesammelns
Kosmos Verlag, 2009

Giftnotrufzentralen

DEUTSCHLAND

Giftnotruf Berlin
Oranienburger Str. 285
13437 Berlin
Tel. 030/192 40

Giftnotruf München
Ismaninger Str. 22
81675 München
Tel. 089/192 40

Beratungsstelle bei Vergiftungen
Langenbeckstr. 1
55131 Mainz
Tel. 06131/192 40

Giftinformationszentrum Nord
Robert-Koch-Str. 40
37075 Göttingen
Tel. 0551/192 40

ÖSTERREICH

Vergiftungsinformationszentrale
Währinger Gürtel 18–20
A-1090 Wien
Tel. 01/406 43 43

SCHWEIZ

Schweizerisches Toxikologisches Informationszentrum
Freiestr. 16
CH-8028 Zürich
Tel. 145 (Notruf) und 44 251 66 66 (allgemeine Anfragen)

Register

Abgeflachter Stäubling 138
Ackerling, Früher 136
–, Voreilender 136
Acker-Scheidling 130
Agaricus arvensis 132
– bitorquis 132
– campestris 132
– edulis 132
– silvicola 56
– xanthoderma 56
Agrocybe praecox 136
Amanita citrina 50
– excelsa 52
– muscaria 54
– pantherina 52
– phalloides 50
– rubescens 54
– spissa 52
– virosa 164
Anis-Egerling, Dünnfleischiger 56
–, Weißer 132
Anis-Trichterling, Grüner 26
Armillaria ostoyae 100
– polymyces 100
Auricularia auricula-judae 154
Austernpilz 142
Austern-Seitling 142

Bauchweh-Koralle 72
Behangener Faserling 148
Birkenpilz 12
Birken-Porling 156
Birken-Rotkappe 12
Birken-Speitäubling 166
Birnen-Stäubling 154
Blasse Koralle 72
Bleiweißer Firnistrichterling 94
Bocks-Dickfuß 106
Boletinus cavipes 82
Boletus calopus 10
– edulis 88
– erythropus 14
– luridus 14
– satanas 16
Brandiger Ritterling 34
Braunroter Leder-Täubling 108

Breitblatt 144
Breitblättriger Holzrübling 144
Brennender Rübling 42
Brennenscharfer Ritterling 98
Bruch-Milchling 160
Butterpilz 86
Butter-Röhrling 86
Butterrübling 46

Calocera viscosa 116
Calocybe gambosa 126
Calvatia gigantea 138
Camarophyllus virgineus 120
Candoll 148
Cantharellus aurora 20
– cibarius 18
– friesii 20
– lutescens 20
Champignon, Schaf- 132
–, Stadt- 132
–, Wiesen- 132
Chlorophyllum olivieri 102
Clitocybe cerusata 94
– dealbata 120
– fragrans 28
– geotropa 26
– gibba 28
– infundibuliformis 28
– nebularis 30
– odora 26
– phyllophila 94
– suaveolens 28
Clitopilus prunulus 130
Collybia butyracea var. asema 46
– butyracea var. butyracea 46
– confluens 46
– dryophila 44
– hariolorum 44
– peronata 42
– platyphylla 144
Coprinus atramentarius 134
– comatus 134
– ovatus 134
Cortinarius camphoratus 106
– praestans 62

– traganus 62
Craterellus cornucopioides 22

Dickblättriger Schwärz-Täubling 64
Dickfuß, Bocks- 106
–, Lila 62
–, Safranfleischiger 62
Disciotis reticulata 78
– venosa 78
Duftender Leistling 20
Duft-Trichterling 28
–, Langstieliger 28
Düngerling, Heu- 136
Dünnfleischiger Anis-Egerling 56
Dunkler Hallimasch 100

Echter Pfifferling 18
Echter Reizker 110
Edel-Reizker 110
Egerling, Anis-, Dünnfleischiger 56
–, Anis-, Weißer 132
–, Karbol- 56
–, Stadt- 132
–, Wiesen- 132
Eichen-Milchling 68
Eierschwamm 18
–, Falscher 18
Elfenbein-Schneckling 28
Ellerling, Schneeweißer 120
Empfindlicher Krempling 16
Entoloma sinuatum 30
Erd-Ritterling 98
–, Rötender 38
Erlen-Grübling 160

Falscher Eierschwamm 18
Falscher Pfifferling 18
Falten-Tintling 134
–, Grauer 134
Faserling, Behangener 148
Feld-Schwindling 128
Feld-Trichterling 120
Fichten-Reizker 112
Fichten-Steinpilz 88
Fichtenzapfen-Nagelschwamm 100

169

Register

Filziger Milchling 160
Firnistrichterling, Blei-
  weißer 94
Flammulina velutipes 146
Flaschen-Stäubling 70
Fleischroter Speise-Täub-
  ling 64
Fliegenpilz 54
–, Roter 54
Flockenstieliger Hexen-
  Röhrling 14
Frauen-Täubling 64
Frost-Schneckling 90
Früher Ackerling 136
Frühjahrs-Lorchel 116
Frühlings-Weichritter-
  ling 40
Fuchsiger Rötelritterling
  32
–, Trichterling 32

Galerina marginata 150
Gallenröhrling 88
Gallentäubling 66
Gefleckter Risspilz 60
Gelber Knollenblätter-
  pilz 50
Gelber Wulstling 50
Gelbfuß, Großer 90
Gelbstieliger Muschel-
  seitling 142
Gelbstieliger Nitrat-Helm-
  ling 144
Gemeiner Morchelbecher-
  ling 78
Gemeiner Rettich-Helm-
  ling 24
Gemeiner Riesenbovist
  138
Gemeiner Stinkschwind-
  ling 144
Gemeiner Weichritter-
  ling 40
Gerronema fibula 124
Geselliger Glöckchennabe-
  ling 146
Gift-Häubling 150
Gift-Lorchel 116
Glöckchennabeling, Gesel-
  liger 146
Glucke, Krause 114
Goldgelbe Koralle 72

Gold-Röhrling 82
Gomphidius glutinosus 90
Granatroter Saftling 122
Grauer Falten-Tintling 134
Grauer Lärchen-Röhrling
  82
Grauer Wulstling 52
Graugrüner Milchling 68
Graukappe 30
Großer Gelbfuß 90
Großer Scheidling 130
Gruben-Lorchel 76
Grubiger Milchling 110
Grübling, Erlen- 160
Grünblättriger Schwefel-
  kopf 104
Grüner Anis-Trichterling
  26
Grüner Knollenblätterpilz
  50
Grünling 34
Grünscheiteliger Risspilz
  60
Grünspan-Träuschling
  148
Gurkenschnitzling 48
Gymnopus peronatus 42
– *confluens* 46
– *dryophilus* 44
– *hariolorum* 44
Gyrodon lividus 160
Gyromitra esculenta 116

Habichtspilz 114
Hallimasch, Dunkler 100
Häubling, Gift- 150
–, Nadelholz- 150
Heftelnabling, Orange-
  roter 124
Heide-Rotkappe 12
Helmling, Nitrat-, Gelbstie-
  liger 144
–, Rettich- 24
–, Rettich-, Gemeiner 24
–, Rettich-, Schwarzge-
  zähnelter 48
Helvella crispa 76
– *lacunosa* 76
Herbst-Lorchel 76
Herbst-Trompete 22
Herrenpilz 88
Heu-Düngerling 136

Hexen-Röhrling, Flocken-
  stieliger 14
–, Netzstieliger 14
Hirneola auricula-judae
  154
Hohlfuß-Röhrling 82
Hohlfuß-Schuppenröhr-
  ling 82
Holunderschwamm 154
Holzritterling, Purpur-
  filziger 96
Holzrübling, Breitblättriger
  144
Horngrauer Rübling 46
Hörnling, Klebriger 116
Hydnum repandum 22
Hygrocybe coccineocrenata
  166
– *conica* 122
– *nigrescens* 122
– *punicea* 122
– *virginea* 120
Hygrophoropsis aurantiaca
  18
Hygrophorus agathosmus
  92
– *eburneus* 28
– *hypothejus* 90
– *lucorum* 92
– *pustulatus* 92
Hypholoma capnoides 104
– *fasciculare* 104
– *lateritium* 148
– *sublateritium* 148

Inocybe corydalina 60
– *erubescens* 126
– *fastigiata* 60
– *maculata* 60
– *patouillardii* 126
– *rimosa* 60

Judasohr 154
Jungfern-Riesenschirmling
  102

Kahler Krempling 16
Karbol-Egerling 56
Kastanienroter Rübling
  46
Kegelhütiger Knollenblät-
  terpilz 164

Kegeliger Risspilz 60
Kegeliger Saftling 122
Kiefern-Reizker, Weinroter 112
Kirschroter Speitäubling 164
Klebriger Hörnling 116
Knollenblätterpilz, Gelber 50
–, Grüner 50
–, Kegelhütiger 164
Knopfstieliger Rübling 46
Koralle, Bauchweh- 72
–, Blasse 72
–, Goldgelbe 72
Körnchen-Röhrling 84
Krause Glucke 114
Krempling, Empfindlicher 16
–, Kahler 16
Kronenbecherling 78
–, Violetter 78
Kuehneromyces mutabilis 150
Kuhmaul 90
Kuh-Röhrling 84
Kurzstieliger Weichritterling 128

Laccaria amethystina 24
Lachs-Reizker 112
Lackbläuling 24
Lacktrichterling, Violetter 24
Lactarius blennius 68
– *deliciosus* 110
– *deterrimus* 112
– *helvus* 160
– *piperatus* 68
– *quietus* 68
– *salmonicolor* 112
– *sanguifluus* 112
– *scrobiculatus* 110
Laetiporus sulphureus 156
Langermannia gigantea 138
Langstieliger Duft-Trichterling 28
– Röhrling, Grauer 82
Lärchen-Schneckling 92
Leccinum scabrum 12
– *versipelle* 12

Leder-Täubling, Braunroter 108
Leichenfinger 70
Leistling, Duftender 20
Lepiota aspera 58
Lepista flaccida 32
– *flaccida* f. *gilva* 94
– *gilva* 94
– *inversa* 32
– *nebularis* 30
– *nuda* 32
– *personata* 124
– *saeva* 124
Leucoagaricus nympharum 102
Lila Dickfuß 62
Lilastieliger Rötelritterling 124
Lorchel, Frühjahrs- 116
–, Gift- 116
–, Gruben- 76
–, Herbst- 76
Lycoperdon gemmatum 70
– *perlatum* 70
– *pyriforme* 154
Lyophyllum connatum 42

Macrocystidia cucumis 48
Macrolepiota procera 58
– *rachodes* 102
Maggipilz 160
Maipilz 126
Mai-Risspilz 126
Mai-Ritterling 126
Mai-Schönkopf 126
Marasmius foetidus 144
– *oreades* 128
Maronen-Röhrling 86
Megacollybia platyphylla 144
Mehlpilz 130
Mehl-Räsling 130
Melanoleuca brevipes 128
– *cognata* 40
– *melaleuca* 40
– *vulgaris* 40
Meripilus giganteus 156
Micromphale foetidum 144
Milchling, Bruch- 160
–, Eichen- 68
–, Filziger 160

–, Graugrüner 68
–, Grubiger 110
–, Pfeffer- 68
Mönchskopf 26
Moor-Röhrling 162
Moor-Saftling, Schuppiger 166
Morchel, Rund- 74
–, Speise- 74
–, Spitz- 74
Morchelbecherling, Gemeiner 78
Morchella conica 74
– *elata* 74
– *esculenta* 74
– *vulgaris* 74
Muschelseitling, Gelbstieliger 142
Mycena flavipes 144
– *pelianthina* 48
– *pura* 24
– *renati* 144

Nadelholz-Häubling 150
Nagelschwamm, Fichtenzapfen- 100
Nebelgrauer Trichterling 30
Nebelkappe 30
Nelken-Schwindling 128
Netzstieliger Hexen-Röhrling 14
Nitrat-Helmling, Gelbstieliger 144

Ockerbrauner Trichterling 28
Ocker-Täubling 66
Ockerweißer Täubling 66
Ohrlappenpilz 154
Omphalina campanella 146
Orangeroter Heftelnabeling 124
Orangeroter Ritterling 96

Panaeolina foenisecii 136
Panaeolus foenisecii 136
Panellus serotinus 142
Pantherpilz 52
Pappel-Schüppling 152
Parasitischer Röhrling 162

Register

Parasolpilz 58
Paxillus involutus 16
Perlpilz 54
Pfeffer-Milchling 68
Pfifferling, Echter 18
–, Falscher 18
–, Samtiger 20
–, Starkriechender 20
Phallus impudicus 70
Pholiota destruens 152
– *lenta* 152
– *mutabilis* 150
– *populnea* 152
– *squarrosa* 152
Piptoporus betulinus 156
Pleurotus ostreatus 142
Porling, Birken- 156
Porzellan-Tintling 134
Psathyrella candolleana 148
Purpurfilziger Holzritterling 96

Räsling, Mehl- 130
Ramaria aurea 72
– *mairei* 72
– *pallida* 72
Rasling, Weißer 42
Rauchblättriger Schwefelkopf 104
Rehpilz 114
Reifpilz 106
Reizker, Echter 110
–, Edel- 110
–, Fichten- 112
–, Kiefern-, Weinroter 112
–, Lachs- 112
Rettich-Helmling 24
–, Gemeiner 24
–, Schwarzgezähnelter 48
Rhodocollybia butyracea 46
Rickenella fibula 124
Riesenbovist 138
–, Gemeiner 138
Riesenporling 156
Riesen-Rötling 30
Riesenschirmling, Jungfern- 102
Riesenschirmpilz 58
–, Safran- 102
Risspilz, Gefleckter 60

–, Grünscheiteliger 60
–, Kegeliger 60
–, Mai- 126
–, Ziegelroter 126
Ritterling, Brandiger 34
–, Brennendscharfer 98
–, Erd- 98
–, Mai- 126
–, Orangeroter 96
–, Rötender 38
–, Schwefel- 36
–, Seifen- 36
–, Tiger- 38
–, Unverschämter 36
Röhrling, Butter- 86
–, Gallen 88
–, Gold- 82
–, Hexen-, Flockenstieliger 14
–, Hexen-, Netzstieliger 14
–, Körnchen- 4
–, Kuh- 84
–, Lärchen-, Goldgelber 82
–, Lärchen-, Grauer 82
–, Maronen- 86
–, Moor- 162
–, Parasitischer 162
–, Rotfuß- 10
–, Sand- 84
–, Satans 16
–, Schmarotzer 162
–, Schönfuß- 10
Rötelritterling, Fuchsiger 32
–, Lilastieliger 124
–, Violetter 32
–, Wasserfleckiger 94
Rötender Erd-Ritterling 38
Rötender Wulstling 54
Rötling, Riesen- 30
Roter Fliegenpilz 54
Rotfuß-Röhrling 10
Rotkappe, Birken- 12
–, Heide- 12
Rozites caperatus 106
Rübling, Brennender 42
–, Horngrauer 46
–, Kastanienroter 46
–, Knopfstieliger 46
–, Striegeliger 44
–, Waldfreund- 44
Rund-Morchel 74

Russula betularum 166
– *cyanoxantha* 64
– *emetica* var. *betularum* 166
– *emetica* var. *emetica* 164
– *fellea* 66
– *heterophylla* var. *vesca* 64
– *integra* 108
– *nigricans* 64
– *ochroleuca* 66
– *queletii* 108
– *vesca* 64

Safranfleischiger Dickfuß 62
Safran-Riesenschirmpilz 102
Saftling, Granatroter 122
–, Kegeliger 122
–, Moor-, Schuppiger 166
–, Schwärzender 122
Samtfußrübling 146
Samtiger Pfifferling 20
Sand-Röhrling 84
Sarcodon imbricatus 114
Sarcomyxa serotina 142
Sarcosphaera coronaria 78
– *crassa* 78
Satans-Röhrling 16
Schaf-Champignon 132
Scheidling, Acker- 130
–, Großer 130
Schleiereule 62
Schmarotzer-Röhrling 162
Schmerling 84
Schneckling, Elfenbein- 28
–, Frost- 90
–, Lärchen- 92
–, Schwarzpunktierter 92
–, Wohlriechender 92
Schneeweißer Ellerling 120
Schönfuß-Röhrling 10
Schönkopf, Mai- 126
Schopf-Tintling 134
Schuppenröhrling, Hohlfuß- 82
Schuppiger Moor-Saftling 166
Schüppling, Pappel- 152
–, Sparriger 152
–, Tonblasser 152

Schwärzender Saftling 122
Schwarzgezähnelter Rettich-Helmling 48
Schwarzpunktierter Schneckling 92
Schwärz-Täubling, Dickblättriger 64
Schwefelkopf, Grünblättriger 104
–, Rauchblättriger 104
–, Ziegelroter 148
Schwefelporling 156
Schwefel-Ritterling 36
Schwindling, Feld- 128
–, Nelken- 128
Seifen-Ritterling 36
Seitling, Austern- 142
Semmel-Stoppelpilz 22
Sparassis crispa 114
Spargelpilz 134
Sparriger Schüppling 152
Speise-Morchel 74
Speisetäubling 64
Speitäubling, Birken- 166
–, Kirschroter 164
Spitz-Morchel 74
Spitzschuppiger Stachelschirmling 58
Stachelbeer-Täubling 108
Stachelschirmling, Spitzschuppiger 58
Stadt-Champignon 132
Stadt-Egerling 132
Starkriechender Pfifferling 20
Staubbecher, Wiesen- 138
Stäubling, Abgeflachter 138
–, Birnen- 154
–, Flaschen- 70
Steinpilz 88
–, Fichten- 88
Stinkmorchel 70
Stinkschwindling, Gemeiner 144
Stockschwämmchen 150
Stoppelpilz, Semmel- 22
Striegeliger Rübling 44
Strobilurus esculentus 100
Stropharia aeruginosa 148
Suillus aeruginascens 82
– *bovinus* 84

– *flavidus* 162
– *flavus* 82
– *granulatus* 84
– *grevillei* 82
– *luteus* 86
– *variegatus* 84
– *viscidus* 82

Täubling, Frauen- 64
–, Gallen- 66
–, Leder-, Braunroter 108
–, Ocker- 66
–, Schwärz-, Dickblättriger 64
–, Spei-, Birken- 166
–, Spei-, Kirschroter 164
–, Speise- 64
–, Speise-, Fleischroter 64
–, Stachelbeer- 108
–, Zitronen- 66
Teufelspilz 16
Tiger-Ritterling 38
Tintling, Falten- 134
–, Falten-, Grauer 134
–, Porzellan- 134
–, Schopf-, 134
Tonblasser Schüppling 152
Toten-Trompete 22
Träuschling, Grünspan- 148
Tricholoma aurantium 96
– *auratum* 34
– *equestre* 34
– *georgii* 126
– *lascivum* 36
– *orirubens* 38
– *pardalotum* 38
– *pardinum* 38
– *saponaceum* 36
– *sulphureum* 36
– *terreum* 98
– *ustale* 34
– *virgatum* 98
Tricholomopsis rutilans 96
Trichterling, Anis-, Grüner 26
–, Duft- 28
–, Duft-, Langstieliger 28
–, Feld- 120
–, Fuchsiger 32
–, Nebelgrauer 30

–, Ockerbrauner 28
Trompete, Herbst- 22
–, Toten- 22
Tylopilus felleus 88

Unverschämter Ritterling 36

Vascellum depressum 138
– *pratense* 138
Violetter Kronenbecherling 78
Violetter Lacktrichterling 24
Violetter Rötelritterling 32
Volvariella gloiocephala 130
– *speciosa* 130
Voreilender Ackerling 136

Waldfreund-Rübling 44
Wasserfleckiger Rötelritterling 94
Weichritterling, Frühlings- 40
–, Gemeiner 40
–, Kurzstieliger 128
Weinroter Kiefern-Reizker 112
Weißer Anis-Egerling 132
Weißer Rasling 42
Wiesen-Champignon 132
Wiesen-Egerling 132
Wiesen-Staubbecher 138
Winterrübling 146
Wohlriechender Schneckling 92
Wulstling, Gelber 50
–, Grauer 52
–, Rötender 54

Xerocomellus chrysenteron 10
Xerocomus badius 86
– *parasiticus* 162
Xeromphalina campanella 146

Ziegelroter Risspilz 126
Ziegelroter Schwefelkopf 148
Ziegenbart 72
Zigeuner 106

Erklärung der Symbole

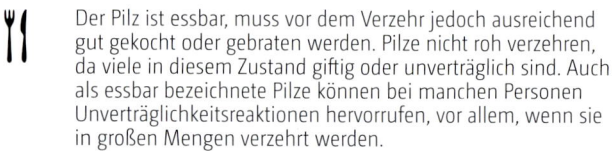
Der Pilz ist essbar, muss vor dem Verzehr jedoch ausreichend gut gekocht oder gebraten werden. Pilze nicht roh verzehren, da viele in diesem Zustand giftig oder unverträglich sind. Auch als essbar bezeichnete Pilze können bei manchen Personen Unverträglichkeitsreaktionen hervorrufen, vor allem, wenn sie in großen Mengen verzehrt werden.

Der Pilz kann nicht als Speisepilz verwendet werden, weil er entweder Unverträglichkeitsreaktionen hervorruft, einen schlechten Geschmack hat (bitter, brennend scharf, heringsartig etc.) oder hart und zäh ist.

Giftig! Dieser Pilz darf auf gar keinen Fall als Speisepilz verwendet werden. Er birgt Krankheitsrisiken und kann sogar zum Tode führen.

Röhrling: Pilz mit einer röhrenförmigen Fruchtschicht auf der Hutunterseite, zum Beispiel der Steinpilz und der Maronen-Röhrling

Lamellen- oder Blätterpilz: Hutunterseite mit dünnen Blättern (Lamellen), die vom Stielansatz zum Hutrand verlaufen, zum Beispiel Egerlinge und Täublinge

Nichtblätterpilz: Pilze mit anderen Fruchtkörpern, zum Beispiel Pfifferlinge, Morcheln, Stoppelpilze, Korallenpilze, Becherlinge